18岁以后最应牢记的人生经验

SHIBASUIYIHOUZUIYINGLAOJIDERENSHENGJINGYAN

RENSHENG JINGYAN

18岁以后最应牢记的人生经验

18岁以后最应牢记的人生经验

SHIBASUIYIHOUZUIYINGLAOJIDERENSHENGJINGYAN

华业\编著

RENSHENGJINGYAN

一句话里经验，让你反省最应该遵守的原则；
一个人的经验，让你明白人生最宝贵的财富；
一件事的经验，让你认清最应该战胜的敌人；
一本书中经验，让你知道最应该摒弃的缺点。

国家行政学院出版社

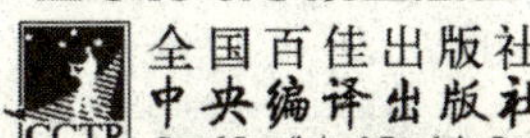

全国百佳出版社
中央编译出版社
Central Compilation & Translation Press

图书在版编目(CIP)数据

18岁以后最应牢记的人生经验/华业编著.—北京:
国家行政学院出版社,2011.7
ISBN 978-7-5150-0141-8

Ⅰ.①1… Ⅱ.①华… Ⅲ.①人生哲学-青年读物
Ⅳ.①B821-49

中国版本图书馆CIP数据核字(2011)第150325号

书　　名　18岁以后最应牢记的人生经验
作　　者　华　业
责任编辑　冯　章　李志烨　和　谐
出版发行　国家行政学院出版社　中央编译出版社
电　　话　(010)66122478
编 辑 部　(010)68929356
经　　销　新华书店
印　　刷　北京燕旭开拓印务有限公司
版　　次　2011年8月第1版
印　　次　2011年8月第1次印刷
开　　本　710mm×1000mm　1/16开
印　　张　17
字　　数　220千字
书　　号　ISBN 978-7-5150-0141-8/B·008
定　　价　32.80元

前言 FOREWORD 1

人人都渴望成功，渴望快乐，渴望幸福，但是人生多苦，命运常常捉弄我们，成功前总难免要经历些失败，幸福前总难免要经历些磨难，快乐前总难免要经历些不高兴，就像孟子所说的：“故天将降大任于斯人也，必先苦其心志，饿其体肤，空乏其身，行拂乱其所为，增益其所不能。”可是多少人能忍受过来、挺过来？多少人能历经挫折还依然保持成功的信念？多少人能不迷失于命运的颠簸之中？多少人能明白自己的缺失而奋发精神超越自己呢？

有的人失败一次之后便放弃重新尝试，甘心做个屈从现实的平凡人；有的人自卑自闭，总认为自己能力不足，不足以取得成功，机遇来了，却不勇于抓住，结果白白从身边溜走；有的人自高自大，自认为无所不能，结果却眼高手低、难题来时就乱了阵脚，最终惹人埋怨、让人嘲笑；有的人犯了错误，却不敢承担责任，推诿左右，耍欺骗的小手段，结果人人厌弃；有的人执着顽固，次次失败之后却不懂换条道路，结果撞得头破血流。

18岁以后最应牢记的人生经验

如此等等，不一而足，我们还未梦想成真，就往往被自身缺憾蒙蔽了智慧，被自己的弱点打倒了。

挫折、失败、不幸、灾病、功亏一篑，世态种种，千变万化。每个人都可能会经历迷茫、困惑，被一道道闸门阻拦，看不透人生真相，而这些闸门却常常会因为一个人、一件事、一本书，甚至是一句话，就会被突然敲开，内心深处瞬间豁然开朗——这就是最宝贵的人生经验，人生也因此得到升华。本书讲述了人生最有价值的感悟与经验，让你明白人生最宝贵的财富、最应该战胜的敌人、最应该遵守的原则、最应该摒弃的缺点……从而让你更加明确人生的方向，让生命之路走得更加顺畅。

目录

第一章　人生最大的敌人是自己

在人的一生中，总要面对失败与挫折，不管遇到什么结果，你必须要从检查自身做起，不要埋怨任何人。一位伟人说过，一个人征服世界并不伟大，只有征服自己，才是世界上最伟大的人。记住：积极面对挑战，不消极逃避竞争。勇于承担责任而不遇事推诿，树立必胜的信念，培养优良的道德品性，时时处处适应社会生活，你才能永远立于不败之地。

困境激励你成功 …… 2
不怯于接受挑战 …… 4
再爬起来的勇气 …… 6
挺住生活的磨难，命运才会为你而变 …… 8
战胜逆境的阴影，事业才能有转机 …… 11
走投无路时，坚持助你柳暗花明 …… 13
克服懒惰，让勤奋浇灌成功的花朵 …… 16
自胜者方为强 …… 18

第二章　人生最大的财富是健康

健康是生命的资本，工作的质量和效益取决于健康，取决于旺盛的精力。没有健康就如同失去了人生的参赛权。如同高楼需要基础的支撑一样，人们的奋斗也需要健康这一持久支撑点。丢弃健康的人生，一切奋斗都是空的。健康是人生最大的财富，拥

目录 CONTENTS

有健康就拥有一切。

健康是幸福的基础 …… 22
原来我也很富有 …… 24
不要只为金钱而忽视健康 …… 26
享受生活，享受挣钱 …… 29
太累的时候需要歇歇 …… 31
注意休息，消除疲劳 …… 33
不要让自己的健康亮红灯 …… 35
一定要在欲望与现实之间找到平衡点 …… 38

第三章　人生最大的欠缺是智慧

世界上辛苦努力的人千千万，可是走在时代前沿的人却只有那么一小部分。只会盲目苦干，不懂得为未来谋划的人，只有重复没有前途。只有勤于运用自己的智慧，多思多想，懂得另辟蹊径，出奇制胜，才能使我们更容易走向成功，创造奇迹。可以说智慧诠释卓越人生。

盲目苦干，只有重复没有前途 …… 42
智慧会给人带来好运 …… 43
动用大脑，智慧换来财富 …… 45
改变思维定式 …… 47
跳出成功的固定模式 …… 49
选择比努力更重要 …… 51
敢异想则天开 …… 54
出奇方能制胜 …… 57
人可以穷，想法却要“富有” …… 59

第四章　人生最大的可怜是自卑

自卑是成功的敌人，使我们变得胆怯、虚弱，也使我们的人生脆弱，经不住生活的风雨。年轻人，生活、事业都还刚刚起步，征途还漫长着呢，即便起步时迟缓了一些，或走了点弯路，成绩一时不如人，也远不足以决定一个人的一生。所以不妨抛开自卑！因为它除了消磨一个人的雄心、意志，没有其他好处。

自卑之人无大成就 …… 64
十二也能封相 …… 66
年少时来点疯劲 …… 68
难度和压力促成明天的能力 …… 70
丢掉你的顾虑 …… 72
告诉自己我可以 …… 74
不要在意他人的言论 …… 76
不为潮流所动 …… 78
成为你自己 …… 79
不要害怕权威 …… 81
再加一枚钉子 …… 83
实现自己的预言 …… 85

第五章　人生最大的勇气是认错

人生需要勇气，勇气不是跟人打架、斗殴，也不是跟人家争执、计较，最大的勇气是自我认错。索尼创始人盛田昭夫曾说过，坦率承认过错所体现的不仅仅是一种勇气，而且是一种强烈的信心。当人们发现你连最悲惨的事实都坦承不讳时，他们自然会相信此后你所做出的任何承诺。错误不可怕，公关危机也非世界末日，但倘连错误也不肯坦承、不敢面对，那就只能是错上加错，咎由自取了。

知过不改，罪莫大焉 …… 88
勇于认错是智者之举 …… 89
承担责任，敢于认错 …… 92
坦诚认错，挽回形象 …… 94
负荆请罪，力挽狂澜 …… 97
真诚认错，人格更伟大 …… 100
不找任何借口 …… 102

第六章　人生最大的失败是自大

自大之人，多是无礼狂傲之人；无礼狂傲之人，多是最终失败之人。这是被无数事实证明了的客观规律。纵观历史，只有虚心谨慎、求真务实的人，才能在事业上有所成就。人生在世，总是谦虚一些、谨慎一些，多一点自知之明为好。人们常说“天不言自高，地不言自厚”。自己有无本事，本事有多大，别人都看得见，自高自大只会引来讪笑。所以，我们的行动准则，应是戒骄忌满，为人不可狂妄自大。

夸夸其谈只会让人厌恶 …… 106
没人喜欢趾高气扬的人 …… 109
不要处处表现自己 …… 110
稳慎谦恭，善始善终 …… 113
有傲骨但不能有傲气 …… 115
稻穗越成熟，头垂得越低 …… 118

第七章　人生最大的罪过是后悔

选择了就不后悔，事情既然已经发生，后悔也没有任何益处，只会徒乱心境，坏了心情，有百害而无一利；反不如安心接受结果，过去且归于过去，同时接受教训，敢于尝试，机会来了就绝不放过，不让自己再事后后悔。

选择了，就不后悔 …… 122
过去且归于过去 …… 124
不要为打翻的牛奶哭泣 …… 127
勇于开始，才不会事后后悔 …… 130
不敢冒险是成功的最大风险 …… 132
旁观者的姓名永远爬不到比赛的计分板上 …… 135
即使是不成熟的尝试，也胜于胎死腹中的策略 …… 137
人生伟业的建立，不在能知，乃在能行 …… 140
馅饼不是等来的 …… 143

第八章　人生最大的痛苦是痴迷

有的事情，即使我们再努力，也不能得到满足。人人都知道爱迪生有句名言："天才就是99%的汗水加1%的灵感"，可是下面还有一句更重要的话，那就是"但如果没有这1%的灵感，再多的汗水也没有用"。所以，无谓的固执不必坚持，懂得放下，明白人生错了方向，停止就是进步。

过分执着非美事 …… 146
人生如果错了方向，停止就是进步 …… 149
无谓的固执不必坚持 …… 152

对不能补救的事，何不使自己知足 …… 154
不因执念而烦恼 …… 155
做人要知变通 …… 158
懂得放下 …… 160

第九章　人生最大的羞耻是献媚

献媚的人是可耻的，小人物献媚蒙羞一生，大人物献媚骂名千古，即使能得到一时风光，可难免被人讥笑趋炎附势、卑躬屈膝，何况还容易聪明反被聪明误，结果反丢了性命。还不如自尊做人，兢业办事，虽然不能大富大贵，可也无愧我生。

献媚者聪明反被聪明误 …… 164
吮痈舐痔人所恶 …… 166
献媚多小丑 …… 168
卑躬屈膝，称儿太荒唐 …… 170
无人格的献媚无耻 …… 172
敢于顶撞皇帝的强项令 …… 173
尊严十足贵 …… 177
女工与明星平等 …… 178
不为五斗米折腰 …… 180

第十章　人生最大的烦恼是名利

名利乃身外之物却最能累人。凡是把名利看得很重的人，必将被其所困扰。沉迷于一时名利，人们就难免看不清更好的前途，也容易因此犯错误；而舍得眼前的诱惑，反而能得到最后的辉煌，不拘于物才是大智慧。

若能一切随他去，便是世间自在人 …… 184
平常心看待声名 …… 186
舍得是一种投资 …… 189
贪欲是隐形“杀手” …… 191
舍弃眼前的诱惑才有最后的辉煌 …… 193
不义而富贵于我如浮云 …… 195
不为欲望遮望眼 …… 197
不拘于物才是大智慧 …… 199

第十一章　人生最大的悲哀是嫉妒

看到他人有超过自己的能力，有好于自己的前途，人人都难免生出嫉妒心，自控能力差的人设圈套陷阱，结果最终害人害己。而道德情操高尚的人则将嫉妒心转为上进心，努力向比自己强的人学习，与之结交，并期待超越他们，如此共同进步，这才是面对强者的最佳方式。

嫉妒是心灵的陷阱 …… 204
走出心灵误区，克服嫉妒 …… 206
容忍他人强过自己，忍妒祛忌 …… 208
放下嫉妒，轻松平和 …… 211
嫉妒者自食苦果 …… 213
不妒忌人，也要注意避免被人妒 …… 215

第十二章　人生最大的礼物是宽容

生活中总难免产生矛盾，对此，我们要有宰相肚里能撑船的宽容度量。有宽容之心，则事过不留痕，心态更旷达；有宽容之心，则家庭更幸福和睦；有宽容之心，则生活更轻松；有宽容之心，则是仁的高境界；有宽容之心，则世界少几分吵闹争斗，多几分和谐美满。

宽容是良好人际关系的基石 …… 220
包容是人生一大财富 …… 222
宰相肚里要能撑船 …… 224
互让一步，成就一番佳话 …… 227
正确对待他人的过失 …… 229
海纳百川，有容乃大 …… 231
君子不计小人过 …… 234
遇事一忍化纷扰 …… 237

第十三章　人生最大的愚蠢是欺骗

著名的美国总统林肯有段名言：你可以在某一时刻欺骗所有的人，也可以在所有的时刻欺骗某一些人，但你永远也不可能在所有的时刻欺骗所有的人。谎言终究会被戳穿，欺骗终究会被识破。欺骗一个人，得到的只是一时利益，失去的却是一个甚至一群朋友，而坦诚相待，虽然当时看似吃亏，但会得到好的口碑，受人信任。孰优孰劣，相信智者都会选择第二条路。

诡诈骗术，得小失大 …… 240
失信于人，玩火自焚 …… 242
不妨有一点笨拙精神 …… 244
保持真诚的本色 …… 246
做个恪守信用的人 …… 248
做生意是无信不立 …… 251
以诚相待，方可赢得人心 …… 253
以忠信笃敬走遍天下 …… 254

第一章 RENSHENGJINGYAN

人生最大的敌人是自己

在人的一生中，总要面对失败与挫折，不管遇到什么结果，你必须要从检查自身做起，不要埋怨任何人。一位伟人说过，一个人征服世界并不伟大，只有征服自己，才是世界上最伟大的人。记住：积极面对挑战，不消极逃避竞争。勇于承担责任而不遇事推诿，树立必胜的信念，培养优良的道德品性，时时处处适应社会生活，你才能永远立于不败之地。

困境激励你成功

罗伯特·巴拉尼1876年出生于奥匈帝国首都维也纳，他的父母均是犹太人。他年幼时患了骨结核病，由于家庭经济不宽裕，此病无法得到根治，使他的膝关节永久性僵硬了。父母为自己的儿子伤心，巴拉尼当然也痛苦至极。但是，懂事的巴拉尼，尽管年纪才七八岁，却把自己的痛苦隐藏起来，对父母说：“你们不要为我伤心，我完全能做出一个健康人的成就。”

父母听到儿子这番话，悲喜交集，抱着他泪流满面，不知该说些什么。巴拉尼从此狠下决心，埋头勤奋读书。父母交替着每天接送他到学校；一直坚持了十多年，风雨不改。巴拉尼没有辜负父母的心血，也没有忘掉自己的誓言，读小学、中学时，他的成绩一直保持优异，名列同年级学生前茅。

他18岁进入维也纳大学医学院学习，1900年获得了博士学位。大学毕业后，巴拉尼留在维也纳大学耳科诊所工作，当一名实习医生。由于巴拉尼工作努力，在该大学医院工作的著名医生亚当·波利兹很赏识他，对他的工作和研究给予热情的指导。巴拉尼对眼球震颤现象深入研究和探源，经过多年努力，于1905年5月发表了题为《热眼球震颤的观察》的研究论文，这篇论文的发表，引起了医学界的关注，标志着耳科“热检验”法的产生。巴拉尼再深入钻研，通过实验证明内耳前庭器与小脑有关，从此奠定了耳科生理学的基础。

1909年，著名耳科医生亚当·波利兹病重，他主持的耳科研究所的事务及在维也纳大学担任耳科医学教学的任务，全部交给了巴拉尼。繁重的工作担子压在巴拉尼肩上，他不畏劳苦，除了出色地完成这些工作外，还继续对自己的专业进行深入研究。1910年至1912年间，他的科研成果累累，先后发表了《半规管的生理学与病理学》和《前庭器的机能试验》两本著作，由于他工作和科研方面有突破性的贡献，奥地利皇家授予他爵位。1914年，他又获得诺贝尔生理学及医学奖金。

巴拉尼一生发表科研论文184篇，医治好许多耳科绝症。他的成就卓著，当今医学上探测前庭疾患的实验和检查小脑活动及其与平衡障碍有关的实验，都是以他的姓氏命名的。

像巴拉尼这样，从小残疾且家庭贫困，能取得这样伟大的成就，可以说与他不向困境屈服并善于从中掘取人生财富不无关系。假如没有贫困和残疾的刺激，他也许会成为一个衣食无忧的平凡人；假如他在这种困境中消沉退缩，不思进取，那么无疑等于在深渊中越陷越深。幸运的是，巴拉尼在父母的帮助和自己的决心与努力下，时刻用正确的生活态度和规律调整着自己的行为和方向，超越自己的缺憾。这样，另一条更宽的大道把他从困境中引领了出来，使他走向了一种更有价值和意义的人生。

不怯于接受挑战

她是一位世界纪录的创造者，她成功登上了日本的富士山，她的名字叫胡达·克鲁斯。这些都不足以引人注意，那么，当你知道她做这件事时已经是90岁的高龄，你还会不惊奇吗?

当别的年届70的老人，认为到了这个年纪可算是到了人生的尾声，并且开始安排后事时，她——胡达·克鲁斯，却在学习登山。因为她相信：一个人能做什么事不在于年龄的大小，而在于你是否力所能及和对这件事有什么样的看法。于是，在70岁高龄之际她开始接受登山训练，攀登上了几座世界上颇有名的山，最终以90岁高龄登上了日本的富士山，打破攀登此山年龄的最高纪录。

70岁开始学习登山，这不能不说是一大奇迹。但奇迹是人创造出来的。成功者的首要标志，是他永远以积极的思维去思考问题。一个人如果总是采用积极思维、不怯于接受挑战和应对麻烦事，那他就成功了一半。

一个人能否成功，完全取决于他的态度。成功者与失败者之间的差别是：成功者始终用最积极的思考、最乐观的精神和最有效的经验支配和控制自己的人生。失败者则刚好相反，因为缺乏积极思维，他们的人生是受过去的失败和疑虑所引导和支配的。他们徘徊在失败的阴影里，只能眼看着别人成功。

每个人都有诸多的遗憾：比如想旅游的人有时间时没有钱，有钱时却又没有了时间；想创业的人有能力时没机会，有机会时却又没了能力；靠体力吃饭的人年轻时用健康换金钱，老了又用钱来买健康等等。但最大的悲哀莫过于心灵归于死寂，总是想：我年龄大了，已不属于这个时代了，不会有属于我的辉煌了！

人到中年，最容易产生这样消极的想法，认为自己这辈子已经步入一个既定的轨道，不再有种种的年轻时的冲动和欲望，只要安分守己按部就班地走下去就行了。这种斗志和进取心的消失是最可怕的，它意味着已习惯了自甘平庸与落魄。曾听过这样一个故事：一个算命先生为一个人算他的将来，说这个人20多岁时诸多不顺，30多岁时虽多方努力仍一事无成。那人焦急地问："那40岁时呢？"算命先生说："那时，你已经习惯了。"这是一个让人内心猛然一震的故事，竟有当头棒喝之感。

经过一系列的生活磨难之后，难道我们真的要被迫接受一种无奈的现实，麻木不仁地走向人生的终点吗？"绝不！"我们要在心里大声对自己说。经过这十几年的磨练，你也许没有取得别人眼中的成功，但这并不意味着自己就完了，就必须放弃。也许你已经把年轻时的万丈雄心收起，知道自己只是一个普通人，只是在做着一些普通事。你的心境归于平和，但绝对不能趋于死寂，要像胡达·克鲁斯老太太那样，设定一些自己力所能及的、切实可行的目标，让自己每时每刻都有一颗积极的心，尽力干好并享受自己手头的每一件事，执著地爬上属于自己的高峰。

想要人生精彩，就不要轻易下结论否定自己，不要怯于接受挑战，只要开始行动，就不会太晚；只要去做，就总有成功的可能。世上能打败你的只有你自己，成功之门一直虚掩着，除非你认为自己不能成功，它才会关闭，而只要你自己觉得可能，那么一切就皆有可能。

再爬起来的勇气

很多人这样对自己说：我已经尝试过了，不幸的是我失败了。其实他们并没有搞清楚失败的真正涵义。

每个人的人生之路都不会一帆风顺，遭受挫折和不幸在所难免。成功者和失败者非常重要的一个区别就是对挫折与失败的看法：失败者总是把挫折当成失败，从而使每次挫折都能够深深打击他胜利的勇气；成功者则是从不言败，在一次又一次挫折面前，总是对自己说："我不是失败了，而是还没有成功。"一个暂时失利的人，如果鼓起勇气继续努力，打算赢回来，那么他今天的失利，就不是真正的失败。相反地，如果他失去了再战斗的勇气，那就是真输了！

美国著名电台广播员莎莉·拉菲尔在她30多年的职业生涯中，曾经被辞退18次，可是她每次都调整心态，确立更远大的目标。最初由于美国大部分的无线电台认为女性不能打动观众，没有一家电台愿意雇用她。她好不容易在纽约的一家电台谋求到一份差事，不久又说她思想陈旧，将其辞退。莎莉并没有因此而灰心丧气、精神萎靡。她总结了失败的教训之后，又向国家广播公司电台推销她的访谈节目构想。电台勉强答应录用，但提出要她在政治版主持节目。

"我对政治了解不深，恐怕很难成功。"她也一度犹豫，但坚定的信心促使她大胆地尝试了。她对广播已经轻车熟路，于是她利用自己的长处和平易近人的作风，抓住7月4日国庆节的机会，大谈自己对此的感受及对国庆她自己有何种意义，还邀请观众打电话来畅谈他们的感受。听众立刻对这个节目产生了兴趣，她也因此而一举成名。后来莎莉·拉菲尔成为自办电视节目的主持人，并曾两度获得重要的主持人奖项。她说："我被人辞退过18次，本来可能被这些厄运吓退，做不成我想做的事情；结果相反，我让它们把我变得越来越坚强，鞭策我勇往直前。"

如果一个人把眼光拘泥于挫折的痛感之上，他就很难再有心思想自己下一步如何努力，最后如何成功。一个拳击运动员说："当你的左眼被打伤时，右眼就得睁得更大，这样才能够看清敌人，也才能够有机会还手。如果右眼同时闭上，那么不但右眼也要挨拳，恐怕命都难保!"拳击就是这样，即使面对对手无比强劲的攻击，你还是得睁大眼睛面对受伤的感觉，如果不这样的话一定会失败得更惨。其实人生又何尝不是如此呢?

大哲学家尼采说过："受苦的人，没有悲观的权利。"既然已经在承受巨大的痛苦了，那就更要想开些，悲伤和哭泣只能加重伤痛，所以不但不能悲观，反而要比别人更积极。红军二万五千里长征过雪山的时候，凡是在途中说"我撑不下去了，让我躺下来喘口气"的人，很快就会死亡，因为当他不再走、不再动时，体温就会迅速降低，跟着很快就会被冻死。在人生的战场上又何尝不是如此，如果失去了跌倒以后再爬起来、在困难面前咬紧牙关的勇气，就只能遭受彻底的失败。

著名文学家海明威的代表作《老人与海》中有这么一句话："英雄可

以被毁灭，但是不能被击败。”跌倒了，爬起来，你就不会失败；坚持下去，你才会成功。不要因为命运的怪诞而俯首听命于它，任凭它的摆布。等你年老的时候，回首往事，就会发觉，命运只有一半在上帝的手里，而另一半则由你掌握，你一生的全部就在于：运用你手里所拥有的去获取上帝所掌握的。你的努力越超常，你手里掌握的那一半就越庞大，你获得的就越丰硕。

在你彻底绝望的时候，别忘了自己拥有一半的命运；在你得意忘形的时候，别忘了上帝手里还有一半的命运。你一生的努力就是：用你自己的一半去获取上帝手中的一半。

挺住生活的磨难，命运才会为你而变

如果你是一只海蚌，就必须忍受砂石的蹂躏；

如果你是一块礁石，就必须经受滔天巨浪的袭击；

如果你是一株小树，就必须经得起风雨雷电的考验。

……

磨难是生活不可缺少的一个部分。

曾经听过这样一句话：“只有在饥饿的时候，才感觉到米饭的香甜。”其实，生活就是一个不断饥饿和对抗饥饿的过程，生活中的“饥饿”就是磨难。因此，这句话也可以这么说：“只有经历过磨难的人，才会更珍惜现在所拥有的一切。”

生活原本如一张白纸，但有了磨难的导演，它便成了一部悲欢离合、情节生动的戏剧。磨难赋予我们艰辛和烦恼，赋予我们无助和忧伤，同时也赋予我们过五关斩六将的豪情壮志以及“长风破浪会有时，直挂云帆济沧海”的坚定信念。

但是很多人没有这样幸运，能够在磨难之后去珍惜现在所拥有的一切，原因就在于他们根本不是理智地理解“磨难”，而是把它当成魔鬼，不敢靠近，不敢接受。其实，生活离不开磨难，正所谓“宝剑锋从磨砺出，梅花香自苦寒来”，“不经历风雨，又怎能见彩虹”，如果没有艰难困苦的历练，如何成就人生的辉煌？需要知道“无敌国外患者，国恒亡”，没有危机激励，人也容易走向碌碌无为。

是啊，面对海蚌体内璀璨的珍珠，我们只是伸手拾之；面对参天大树，我们只是不住地摇头啧啧表示赞叹，然而谁会想到它们曾如何坚韧地忍受剧痛，如何顽强地同风雨作战！记得冰心说过这样一句话：“成功的花，人们只惊羡它现实的明艳，然而当初的芽儿浸透了奋斗的泪泉，洒遍了牺牲的血雨。”一段美好的生活，就应是一部艰难的奋斗史，因为只有不畏险峰的攀登者，不畏巨浪的弄潮儿，才能登上高峰采得仙草，深入海底觅得宝珠！

每一个人都会经历不同的痛苦和磨难，当它们光顾的时候，只有勇敢地面对，征服它们，才能让自己不再低头，抬头挺胸，也才能彻底改变自己的命运。

司马迁虽遭受了宫刑，却完成巨著《史记》；勾践卧薪尝胆后，东山再起，终于灭吴；李世民虽遭兄弟排斥，却仍能用心于天下，造就了“贞观之治”；曹雪芹经受天堂地狱般变化的打击之后，“披阅十载，增删五次”，著成《红楼梦》。历史证明：磨难并非对一个人的摧残，而是一种锤炼。正如孟子所说：“天将降大任于斯人也，必先苦其心志，劳其筋骨，饿其体肤……”

春秋战国时，孙膑与庞涓同师于异人鬼谷子。庞涓先期毕业，成为魏国权臣。孙膑学满业成之时，魏惠王派使者前来求见，欲用孙膑。孙膑到了魏国，才华初显就引起了庞涓的忌恨。他一方面设计陷害孙膑，欲除去竞争对手；另一方面，他又冒充好人，骗取孙膑的信任，欲夺其《孙武兵法》之秘传。结果，孙膑被剔去双膝盖骨，又以墨刺面，成了一个废人。孙膑因不知内情，为感激庞涓救命供养之恩，决定为庞涓默写鬼谷子注解的孙武兵书，直到有一天，孙膑的一个侍者听闻真相，密告给孙膑，孙膑才恍然大悟。于是，他突然装疯，痰涎满面，胡言乱语，或哭或笑，或怒或骂，长发披散，故意卧于猪圈之粪秽中。庞涓也曾试过他是否装疯，但孙膑表现得像真疯一样，有好酒好肉故意不吃，却专吃别人扔过来的狗骨头及泥块。庞涓这才相信孙膑确实疯了，于是便放松了警惕。孙膑整日混迹于市井之中，或狂言诞语，或悲号不已，没有人知道他是假装疯癫。其实孙膑是以此为伪装等待机会。一日，齐臣淳于髡出使魏国，孙膑趁机求见并最终逃走。孙膑到了齐国，成了大将田忌的军师，立志复仇，励精图治数载，终于设计在马陵将庞涓万箭穿身，一雪前仇。

也许我们不需要像孙膑一样忍辱负重，但是无论如何，人生总有重重磨难，它也成为生活中一个不可缺少的部分，这些经历过的痛苦和磨难，是你的一笔财富，一种收获。也只有在你痛苦和难过的时候，你才会发现一些不起眼的东西、平常的东西，此时是多么的可贵和难得。更为可贵的是在你经历了磨难的时候你会发现，只要战胜了自己向这些磨难妥协的念头，顺利之门就会打开。

战胜逆境的阴影，事业才能有转机

人生的真谛莫过于最大限度地追求幸福与快乐，尽可能地避免和减少不幸与悲伤。而没有谁心甘情愿地选择逆境、挫折与遗憾。但是，生活当中逆境是必然的，是不容回避的。

人的一生，在成长、学习、生活诸事之中，又有多少人总是花好月圆、天衣无缝、一帆风顺，没有遇到过逆境呢？我们在各种各样的场合中遇到这样或那样的、或大或小的逆境，酿成人生五味的故事。也许，这就是人生丰富性之所在。如果一生中没有逆境，那样的人生就像一杯白开水，寡淡无味。

在风雨兼程的人生路上，逆境是心灵的巨大财富，失败一次，对成功的内涵理解得便透彻一层；失误一次，对人生的醒悟便更深一步；不幸一次，对生活的理解便更加深一级；磨难一次，对世事的认识便更成熟一些。

美国家喻户晓的电视红星——亚特·林克勒特就是一个有这样认识的成功者。

有一个年轻的电台播音员在崭露头角的时候，突然被电台解雇。他当然懊恼万分，可是他回家时，却兴高采烈地对他的妻子宣布："亲爱的，这下子我有机会开创自己的事业了。"

年轻的电台播音员一开始就有正确的心态，而他也的确开始了他个人的事业。他自己做了一个节目，后来证明是一个成功的出击，终于他变成了美国家喻户晓的电视红星——亚特·林克勒特。

面对逆境，奋斗者坚贞不屈，把逆境视为人生在所难免，并且依靠崇高的理想，坚强的意志，坚定的信念和非凡的吃苦耐劳精神，把逆境中的所有阻力转化成一种动力，奋斗进取；

而懦弱者则只能束缚着手脚，困扰着思想，左右着灵魂，阻碍着视野，最终只能跌倒在“逆境”之中。

俗话说得好：“大树底下长不出好草。”任何一个人要想有所作为，成就一番事业，一些逆境是必须要承受的，一些代价是必须要付出的。毕竟，有逆境才会有奋起，有挫折才会有求索。所以，当你遇到不顺心之事时、遇到困难和挫折时，与其把自己沉浸在悲观失望之中，不如勇敢地站起来，坦然面对逆境，在奋斗中不断地完善人生——战胜逆境的阴影，事业才会有转机。

那么人们在面对逆境的时候，应该如何挺住呢？

忍耐是逆境中最好的精神支柱，因为，忍耐是一种默默的承受，是一种理智的克制，更是一种高尚的自我容纳。忍耐不仅仅是委曲求全的策略，更是对自我命运的一种把握。因而在逆境中忍耐可以说是一种独到的境界，是一种对明天的寄托。在逆境中学会忍耐，是对人生的认真省视，是为下一次的崛起和腾跃积蓄力量，在忍耐中求发展，在逆境中创事业。

逆境只能让你的速度变慢，但不能让你的脚步停下来；而且逆境之后，努力也更有目标。当然前进有困难就说明自己有些地方尚不非常完美，需要改变。那么与其固执己见地坚守一个错误的东西，还不如顺应时代潮流，让自己来一个改变，这样既适应了社会，也让自己的事业迈向一个更高的台阶。

因此，在遇到挫折的时候，你必须要继续努力，千万不能怨天尤人、自暴自弃。能屈能伸的人虽然也会为自己受到挫折而感到难过，但绝不会难过很久。一个人如果整天自怜和怨天尤人，就不会有时间去计划怎样卷土重来。其实，胜利的意思，往往就是重新站起来的次数比被人打倒的次数多一次而已。

总之，事业上的失败是难免的，但是如果你还想走向成功的话，一定要记住一点——战胜逆境的阴影，用自己的行动来帮助自己走向光明，这样事业才会出现转机。

走投无路时，坚持助你柳暗花明

人生是一个不停遭遇困难并解决困难的过程，这个过程时而短暂、时而漫长。而当你面对这些不利境况的时候，唯一能做的就是坚持——挺过生命的低谷期，挺过走投无路的艰难期，唯有挺住，才能让你看到“柳暗花明又一村”的精彩。

世界电器之王松下幸之助，将松下电器公司从一个只有 3 个人的小作坊做成了一个拥有职工 5 万人的跨国大集团。虽然经历很多次经济危机的严重冲击，但是它还是在世界电器行业稳稳地站住了脚跟，而很多同行的、非同行的企业却濒临倒闭。人们在惊叹松下幸之助传奇经历的时候，是否也应该惊叹他善于“挺”的能力呢？就如《松下幸之助创业之道》前言中所说的那样“坚持 = 成功”。

1898 年，松下幸之助 4 岁，原本殷实的家境开始没落，经济变得非常拮据。面对生活带给自己的考验，松下幸之助没有退缩，努力做自己力所

能及的家务活。

同年，松下幸之助的大哥、二哥和大姐先后因病逝去，松下幸之助被迫辍学，到大阪一家做火盆买卖的店里当学徒。他依然没有被生活的残酷所吓倒，而是勤学善问，做好自己的本职。

松下幸之助创办松下电器公司之初，所有的钱加在一起只有 100 日元，支持他的人总共有 4 个：两位老同事森田延次郎、林伊三郎，加上他的妻子和内弟井植岁男。资金不足，人员不足是摆在面前的实实在在的困难。松下幸之助没有退缩，他选择了接受现实：用 100 日元和 5 个工人创办了自己的企业。后来，因为经营不善，两位老同事相继离去，只剩下松下幸之助夫妇和内弟 3 个人仍苦苦地支撑着，艰难地挺过一天又一天。

终于在坚持中，松下幸之助迎来了他的第一个订单——1000 只电灯底座……随后的道路开始步入正轨。

回想那段时光，松下幸之助深有感慨地说：“那段时间真是异常艰难，甚至连最起码的生活都成问题。”事实确实如此：从 1917 年 4 月 13 日起到 1918 年 8 月止，松下幸之助共十几次将他夫人的衣服、首饰等物品送进当铺抵押借钱以维持自己企业的运转。

回想一下松下幸之助的创业之路，他的成功得益于他的坚持。否则，现在就没有了松下，世界上的人也不知道日本有个松下幸之助。

从松下幸之助的身上，我们明白一个道理：成功是“坚持”出来的。将这个道理放到普通人的普通生活中同样具有现实意义：有的人因为善于

“坚持”，最终减肥成功了；有的人善于“坚持”，锻炼身体的习惯养成了……

虽然我们没有松下幸之助的传奇，但是我们同样可以挺住，同样可以因为坚持而获得成功。那么如何做到呢？

首先，培养自己的兴趣。与其说兴趣是最好的老师，不如说兴趣是最大的动力。很多人之所以半途而废是因为他的兴趣不在于此，这样就很容易产生“退堂鼓”心理。因此，要想让自己“挺住”，首先就要培养对这件事情的兴趣，加强对这件事情意义的理解。

其次，制定合理的目标。有目标才有动力，制定目标要讲究合理、贴切，不可过大也不可过小。过大的目标容易给自己造成不必要的压力，而过小的目标也会因为没有挑战性而产生懒惰心理，这就是失败的因素。

因此，最好的办法就是“目标细分化”：先制定一个大的目标，然后将大目标分成若干个小目标，并且将这些小目标和时间限制联系在一起，用时间限制来鞭策自己定时、定量、定质地完成任务，一步一个脚印，那么即便你遇到一些困难，也是很容易挺过去的。

第三，不断地鼓励自己。处在生命低谷的时候，自我鼓励是最有效的方法。千万别幻想依靠别人的鼓励来产生勇气和力量，因为往往在那个时候，你的朋友都不在你的身边。所以，不妨在墙上贴满励志标语，不断地告诉自己你是最厉害的；或者找个僻静的地方，痛快地流泪；或者拼命地去看成功人物的传记，用运动来强化意志，忘却沮丧……总之，要不断地鼓励自己，让自己挺过生命的低谷期。

最后，时刻给自己描绘美丽前景。纵观很多人的失败，不是因为没有能力，不是因为没有机遇，而仅仅是因为看不到前景而迷失方向，轻言放弃。就像那些对现实生活绝望的人一样，因为看不到明天、看不到希望而选择草率地结束自己的生命。

因此，在你即将放弃的时候，不妨给自己描绘一下美丽的前景，让自己看到美丽的明天，用明天的美丽来唤起今天努力的激情。与其说这是在“诱惑”自己，不如说是在引导自己，引导自己坚持梦想，引导自己挺起胸膛迎接风雨之后的彩虹。

总之，人生一世，难免会遇到一些困难，难免会走入一些生命的低谷，如果这个时候，你不坚强，不学会坚持，那么你的生命便毫无希望可言，你看到的永远都是“山重水复疑无路”的绝望，而看不到“柳暗花明又一村”的欣喜。所以，在你即将放弃的时候，告诉自己：坚持一下，胜利就在前方！

克服懒惰，让勤奋浇灌成功的花朵

我们都知道，懒惰是人的一种本性，是与生俱来的，也是人人都有的。但是在现实生活中，为什么还是勤劳的人居多呢？因为勤劳的人都知道：只有拒决懒惰的诱惑，才能用勤奋浇灌出成功的花朵。

懒惰是一种心理上的厌倦情绪，它的表现形式有很多种。比如说你不希望和别人交谈；不能从事自己喜爱做的事情；不爱从事体育活动，心情也总是不愉快；整天苦思冥想而对周围漠不关心；日常起居极无规律，无要求，不讲卫生；常常迟到、逃学且不以为然；不能专心听讲、按要求完成作业，文具常不配齐；不知道学习的目的，不能主动地思考问题……都是懒惰的表现。而引起懒惰的因素也很多，比如说生气、羞怯、嫉妒、嫌恶等都会引起懒惰，使人无法按照自己的愿望进行活动。

面对这种懒惰行为，有的人浑浑噩噩，意识不到这是懒惰；有的人寄希望于明日，总是幻想美好的未来；而更多的人虽极想克服这种行为，但往往不知道如何下手，因而得过且过，日复一日；有的人却能有的放矢，积极克服，因为他们知道，惟有克服了懒惰的行为，自己的事业才能成功。

讲述懒惰的故事很多，比如说我们经常说的“懒儿子”就是其中一个：

某人有个懒儿子，一次要外出数日，就给儿子准备了大饼若干，怕其懒，故而将饼套在他脖子上，回来以后儿子还是饿死了。原来他只将前面的饼吃了，而脖子后面的却没动。

而关于勤奋的故事，那就更多了，比如说我们常说的“悬梁刺股”和“凿壁偷光”的故事就是其中两个比较典型的：

战国时期，有一个人名叫苏秦，也是出名的政治家。在年轻时，由于学问不多不深，曾到好多地方做事，都不受重视。回家后，家人对他也很冷淡，瞧不起他。这对他的刺激很大。所以，他下定决心，发奋读书。他常常读书到深夜，很疲倦，常打盹，直想睡觉。他便想出了一个方法：准备一把锥子，一打瞌睡，就用锥子往自己的大腿上刺一下。这样，猛然间感到疼痛，使自己清醒起来，再坚持读书，这就是苏秦“刺股”的故事。

西汉时有一个大学问家名叫匡衡。他小时候非常喜欢读书，可是家里很穷，买不起蜡烛，一到晚上就没有办法看书，他常为此事发愁。这天晚上，匡衡无意中发现自家的墙壁似乎有一些亮光，他起床一看，原来是墙壁裂了缝，邻居家的烛火从裂缝处透了过来。匡衡看后，立刻想出了一个办法：他找来一把凿子，将墙壁裂缝处凿出一个小孔。立刻，一道烛光射了过来，匡衡就着这道烛光，认真地看起书来。以后的每天晚上，匡衡都会靠着墙壁，借着邻居的烛光读书。由于他从小勤奋好学，后来成了一名知识渊博的经学大师。

从上面几个故事中，我们就能看到懒惰的人和勤奋的人有着不同的人生。懒惰的人常难有出息；而勤奋的人则用自己的努力打通成功的通道，成为他人学习的榜样。

说到懒惰，谁都知道这是一个非常不好的习惯，谁都想让自己远离这个坏毛病，让自己变得勤奋一点，让自己的生活变得更充实一点。那么现在就开始从难度小或者自己爱干的事情开始，给自己定些小目标争取完成，用工作挤压懒惰的时间，一点一滴地培养勤劳的作风。

只要你这样坚持努力一段时间，你将发现自己很少会因做了或者不做某件事而感到遗憾。你还会发现，以坚强的毅力、乐观的情绪，脚踏实地地实践着由易到难、不断更换目标的过程，是我们每一个人都可以做到的。克服懒惰，正如克服任何一种坏毛病一样，是件很困难的事情。但是只要你决心与懒惰分手，在实际的生活学习中持之以恒，灿烂的未来就是属于你的！

自胜者方为强

你知道在美国几百年飞速发展的历史上，究竟谁代表了他们的智慧和财富呢？

当年在为100美圆的美钞选择头像时，人们便碰到一个问题，谁可以代表美国人民的智慧和财富？经过精心挑选，人们选中了本杰明·富兰克林。那人们为何在众多历史杰出人物中偏偏选中本杰明·富兰克林作为美国智慧和财富的化身呢？

让我们看看富兰克林传奇而辉煌的一生。

富兰克林出身贫寒，只读了不到两年的书，就不得不在印刷厂做学徒。但他刻苦好学，自学数学和 4 门外语，最终成为美国的政治家、外交家、科学家、慈善家、发明家。他是美国独立战争的主要参与人和《独立宣言》的主要起草人。

富兰克林是个普通人，他是怎样走向成功之路的呢？富兰克林成功的秘诀是什么？这个谜底在富兰克林至今仍畅销不衰的自传中有所揭示。

富兰克林渴望成功，他研究古今中外成功人士的经历，试图从中找出成功的秘诀。经过研究，他发现这些成功人士成功的层面不同，但他们都有完善的人格。完善的人格包括 13 种美德：

（1）节制。食不过饱，饮酒不醉。

（2）寡言。言必于人于己有益，避免无益的聊天。

（3）秩序。每一样东西应该有一定的安放地方，每件日常事务应有一定的时间去做。

（4）决心。当做必做，决心要做的事应坚持不懈。

（5）俭朴。用钱不要浪费。

（6）勤勉。不浪费时间，每时每刻做些有用的事情。

（7）诚恳。不欺骗人，思想要纯洁公正，说话也要如此。

（8）公正。不做损人利己之事。

（9）适度，避免极端。别人若给了你处罚，应当容忍。

（10）清洁。身体、衣服、住所力求清洁。

（11）镇静。不要因为小事或不可避免的事故而惊慌失措。

（12）贞节。为了健康，切记伤害身体或损害自己以及他人的安宁和名誉。

（13）谦虚。仿效耶稣和苏格拉底。

进一步研究他还发现，仅知道这 13 种美德还不够，还需要身体力行。正如他在自传中写到：坏的习惯必须打破，好的习惯必须培养；然后我们才有希望使自己的言行举止始终如一，坚定不移！

富兰克林的自我管理是从两方面入手的：一是自我时间管理，二是自我品德管理，并辅以严肃的检查。

富兰克林首先检讨自己的缺点，他发现自己有多个严重的缺点，其中浪费时间，为小事情烦恼，和别人争论冲突这三项最为突出。他通过自我检讨认识到，除非下决心改造自己，否则难以成功。他决定要改掉自己的缺点，但是他没有要求自己一下子改掉所有的缺点，而是每周改掉一个缺点，于是他做了一个小本子，用红笔在每页纸上画上表格，分别写上每周的 7 天，然后用竖线划出 13 个格。他每天用黑点记载当天完成该项道德手册中的不足，这样不断反复练习、检查，直至巩固为止。如此持续了两年，他改正了不少缺点。

就这样经过日复一日、年复一年的刻苦修炼，13 种美德后来真的变成了他的习惯，由此也奠定了他一生的成功！在 79 岁高龄的时候，他依然坚持，因为他认为自己的一切成功与幸福皆受益于此。

真正的强者，懂得把主要精力聚焦于如何发展、完善自己上，把自己当成自己的对手；超越对手很难，但超越自我将难上加难。要克制自我、战胜自我、完善自我、证明自我，不仅要了解自我、明白自我、看透自我，还必须具有切实的目标、坚强的意志、坚持的毅力和严格要求自己的狠劲，否则，很难达到这种“自胜者强”的目的和境界！

第二章 RENSHENGJINGYAN

人生最大的财富是健康

健康是生命的资本，工作的质量和效益取决于健康，取决于旺盛的精力。没有健康就如同失去了人生的参赛权。如同高楼需要基础的支撑一样，人们的奋斗也需要健康这一持久支撑点。丢弃健康的人生，一切奋斗都是空的。健康是人生最大的财富，拥有健康就拥有一切。

RENSHENGJINGYAN

SHIBASHIYIHOUZUIWENGJIAOYIDE

健康是幸福的基础

有一样东西，拥有它的时候，感觉不到它的珍贵，体会不到它的重要；失去它的时候，才觉得丢掉它是多么愚蠢，没有它是多么不便，又多么渴望能重新拥有。这就是健康。

感冒的时候，你会觉得无病的好；肥胖的时候，你会想起瘦俏的美；病躺在床上的时候，你才觉得走路、散步的幸福。健康的时候，我们对它满不在乎，从来也没想过它对我们意味着什么，对我们的生命意味着什么；生病的时候，我们对健康才有深刻的认识，才有切肤的体会。

健康对于生命，犹如水对于鱼，阳光对于植物，空气对于人类，生命有了健康，才会活泼，才会美丽。

一位哲人说过：“人生的财富第一是健

康，第二才是财产。”健康是人生的本钱。如果一个人不健康，纵然有天大的雄心壮志，也很难实现自己的抱负，而健康的体魄才是人生享受不尽的本钱，是人生幸福的保障，是家庭的幸福基础。

健康是个人的财富。拥有健康才能拥有一切，才能享受劳动、学习和生活的种种情趣。否则，没有了健康，躺在病床上，钱再多还有什么用？也许有人说，有钱能使鬼推磨，有了钱还愁什么？这话在其他地方也许还管用，但无论何时，在何国度，健康都是金钱买不到的。一旦失去了健康，你可以雇人伺候，却无法雇人替你忍受痛苦。

有一位亿万富翁患了重病，花费大量金钱从世界各地请名医，购回名药，一心要挽回健康，其结果也是枉费心机。临死时他无可奈何地说："钱也有没用的时候。"这就应了德国哲学家叔本华说过的一句话："健康的乞丐比有病的国王更幸福。"

糊涂人透支健康，聪明人投资健康。沉迷于功名成就而赔了健康，代价未免过于沉重。财富的最大功能应该是改善生活，提高健康水平，实现理想和抱负，否则，财富只是放在银行里的一个数字而已。如果懂得保健常识，并能身体力行，事业与健康兼得，亦非难事。只要你重视健康，关心健康，并有所行动，健康便会与你常相厮守。可是许多的朋友却因种种原因忽视了健康的重要性，在健康的时候不知道保健，在亚健康的时候不知道休整，在患病的时候才知道治疗，不经意间悔之晚矣。

健康不仅属于个人，也属于家庭、属于社会。健康的价值贵重无比，谁想拥有财富，谁就必须拥有健康！

幸福家庭的标志是，家庭成员身体健康，和睦相处，有吃有穿，各司其职。如果家庭成员中有长期生病者，就会给家庭带来无穷的麻烦，给生病者个人带来无穷的痛苦，全家人长期生活在一种压抑、紧张、拮据的状态中，哪还谈得上什么幸福。所以健康是人生的第一财富，正如德国哲学家叔本华所说："我们的幸福十分之九是建立在健康基础上的，健康就是一切。"现实生活正是如此，健康可以创造物质与精神的一切财富，而任何财富却决难换取健康。

人们需要健康，渴望健康，面对日渐操劳的人生旅程，面对周围每一起剥夺生命的事故，人们对健康有了更深的感悟：健康是金钱买不到的商品，健康是财富得不到的境界。拥有健康，才能拥有美好的生活；拥有健康，才能看见成功的希望。

原来我也很富有

讲到财富，人们总是愿意把对金钱、财产拥有的多寡联系起来，应该说这是财产的重要方面。人们的生活离不开金钱，要不为什么社会上会流行“一切向钱看”的思想呢？实际上比财产更重要的东西是健康。

有一位青年，老是埋怨自己时运不济，发不了财，终日愁眉不展。这一天，走过来一个须发皆白的老人，问：“年轻人，你为什么不快乐？”

“我不明白，为什么我总是这么穷？”

“穷？你很富有嘛！”老人由衷地说。

“这从何说起？”年轻人问。

老人反问道：“假如现在斩掉你一个手指头，给你1000元，你干不干？”

“不干。”年轻人回答。

“假如斩掉你一只手，给你1万元，你干不干？”

“不干。”

“假如使你双眼都瞎掉，给你10万元，你干不干？”

“不干。”

“假如使你全身瘫痪，给你100万元，你干不干？”

“不干。”

“假如让你马上变成80岁的老人，给你1000万，你干不干？”

"不干。"

"这就对了，你已经拥有超过1000万的财富，为什么还哀叹自己贫穷呢?"老人笑吟吟地问道。

青年愕然无言，突然什么都明白了。

人们年轻的时候，为了生计，拼命透支健康，他们甚至愿意以其身体健康为代价来换取金钱和财富的增长，等老了又用钱去买健康，往往还是受罪。何苦呢，身体才是革命的本钱嘛！健康是凝聚财富的必要条件。只有当我们保持健康强健的体魄之后，才能通过工作来获得更多的报酬。就像一位哲学家曾说过："如果没有健康，智慧就无法表露，文化就无法施展，力量就无法战斗，知识就无法利用。"

曾经有人用100000000……来比喻人的一切，其中1代表健康，后面的0代表生命的一切：事业、金钱、地位、快乐、家庭、爱情、房子、车子……纷繁复杂的0充斥着人们的生活。0可以"千金散尽还复来"，但1却像"一江春水向东流"，一旦失去，所有的浮华喧嚣都将成为空气。

拥有健康，我们才能实现愿望；拥有健康，我们才能达到成功；拥有健康，我们才能享受生活。健康就是我们最大的财富。没有了健康，即使我们腰缠万贯，又怎么去享受？没有了健康，即使我们的事业再成功，采摘人生果实的喜悦也会大打折扣。所以，健康的身体就是最大的财富，如果你是健康的，你就是自己的财富，家庭的财富，社会的财富；相反，你就是自己的包袱，家庭的包袱，社会的包袱。

不要只为金钱而忽视健康

社会竞争激烈，为了富足的生活，人们忙碌匆匆，但你也不应忘了抽出时间锻炼锻炼身体，看看风景，只有懂得合理休息的人才能有健康的身体，才能有愉悦的人生。

财富可追求却不可强求，每个人都要保持一种平和的心态，摆正财富的位置。那句俗语像是永远的真理：金钱不是万能的，不要只为金钱而生活。

约翰·洛克菲勒在 33 岁那年赚到了他一生中第一个 100 万，到了 43 岁，他建立了世界上知名的大企业——标准石油公司。但不幸的是，53 岁时，他却成为事业的俘虏，充满忧虑及压力的生活早已压垮了他的健康。

洛克菲勒的传记作者温格勒说，洛克菲勒在 53 岁时，看来就像个手脚僵硬的木乃伊。洛克菲勒此时因不知名的消化症，头发不断脱落，甚至连睫毛也无法幸免，最后只剩几根稀疏的眉毛。温格勒说："他的情况极为恶劣，有一阵子他只得依赖酸奶为生。"医生们诊断洛克菲勒患了一种神经性脱毛病，后来不得不戴顶帽子。不久以后，洛克菲勒定做了一顶假发，终其一生都没有再摘下来过。

洛克菲勒在农庄长大，曾经有着强健的体魄，宽阔的肩膀，走起路来更是步步生风。可是，对于多数人而言的巅峰岁月，他却已肩膀下垂，步履蹒跚。温格勒说："当他照镜子时，看到的是一位老人。他之所以会如此，因为他缺乏运动和休息。由于无休止的工作、操劳，导致严重的体力透支，他也为此付出惨重的代价。他虽然是世界上最富有的人，却只能靠简单饮食为生。他每周收入高达几万美金，可是他一个礼拜能吃得下的食物，要不了两块钱。医生只允许他进食酸奶与几片苏打饼干。他的脸上毫无血色，用瘦骨嶙峋、老态龙钟形容他一点也不为过。他只能用钱购买最好的医疗，使他不至于53岁就离开人世。”

忧虑、惊恐、压力及紧张已经把洛克菲勒逼近坟墓的边缘，他永不休止全心全意地追求目标。据亲近他的人表示，赔了钱时，他就会大病一场。有一次他要运送一批价值4万美金的谷物取道伊利湖区水路，保险费用要250美元，他觉得太昂贵就没有买保险。可是当晚伊利湖有暴风，洛克菲勒担心货物受损，第二天一早，他的合伙人跨进他办公室时，发现洛克菲勒还在室内来回踱步。

“快点！去看看我们现在投保是不是还来得及。”合伙人奔到城里找保险公司，可是回办公室时，发现洛克菲勒的情况更糟。因为刚好收到电报，货物已安抵，并未受损！可是洛克菲勒更生气了，因为他们刚花了250美元的投保费用。事实上，他把自己搞病了，不得不回家卧床休息。想想看，那时他的生意一年赢利50万美元，而他却为了区区250美元把自己折腾得病倒在床上。

拥有百万财产，却怕付之东流。可以肯定地说，他的健康是由忧虑一手毁灭的。他从没有闲暇去从事任何娱乐，从来没有上过戏院，从来不玩牌，也从来不参加任何宴会。马克·汉纳对他的评价是：“一个为钱疯狂的人”。

最后，医生终于对他宣布，在财富与生命中任选其一，并警告他如继续工作，只有死路一条。如果想要长寿人生，洛克菲勒必须遵守三项原则：

第一，避免忧虑。绝不要在任何情况下为任何事烦恼。

第二，放轻松，多在户外从事温和的运动。

第三，注意饮食，只吃七分饱。

洛克菲勒不得不谨记这些原则，也因此捡回一命。他退休了，开始学打高尔夫球，从事园艺，与邻居聊天、玩牌，甚至唱歌。

不过他还做了别的事。温格勒说：“在失眠的夜晚，洛克菲勒有足够的时间自省。”他不再想要如何赚钱，他开始为别人着想，思考如何用钱来换取他人的幸福，洛克菲勒开始把他的百万财富散播出去。他捐钱给教会；建立世界知名的芝加哥大学；他也帮助黑人，捐助黑人大学。后来他更进一步，成立了世界性的洛克菲勒基金会，一直在对抗世界上的疾病与无知。散尽千万财富，帮助那么多人，他终于寻回心灵的平静，真正得到满足。这时有人会说：“如果人们对洛克菲勒的印象还停留在标准石油公司的时代，那就大错特错了。”

洛克菲勒开心了，他彻底地改变了自己，已成为毫无忧虑的人。事实上，当他遭受事业重创时，他再也不会为此而牺牲睡眠。

任何人都难以相信，曾为250美元而失眠的人后来竟然如此轻松，也正是掌握健康比金钱更重要的秘诀后的轻松，使他活到98岁。这样才能做财富的主人。

一个人不应该只为金钱负责，而应首先对自己的身体负责。看看你自己，是否为了赚钱而忽视身体健康，如果没有，那当然值得庆幸；如果有，那就赶紧将自己解脱出来吧。

享受生活，享受挣钱

犹太商人的金钱观念一般是很明确的，其中之一就是：“享受生活，享受挣钱。”这样不但能给自己减压，也能够为自己挣更多的钱。

从每周的星期五晚上开始到星期六的傍晚，他们禁烟、禁酒、禁欲，一切杂念皆摒除至九霄云外，一心一意地休息。据说美国纽约，每逢此时，街上来往的汽车比平时减少整整一半。到了星期六的晚上，犹太人才开始真正的周末，他们开始尽情地享乐。犹太人知道唯有健康的身体，才能享受快乐的人生；要想拥有健康的身体，必须吃得好，并有一定的休息时间。所以各位忙人朋友千万不要忘记：工作之后，一定要休息。

健康是犹太商人的本钱。这是因为，犹太人自从几千年前被罗马人赶出家园后，几乎没有存身之处，在这样恶劣的环境里，他们始终没有倒下。即便是在第二次世界大战期间的空前灾难中，犹太人一下子被法西斯屠杀了600万，但剩下的犹太人又生存繁衍下来，这实在是因为他们懂得怎样保护自己，怎样去保持自己的身体健康。

犹太人注重休息，也注重享受。犹太人多是商人。商人同普通人相比，有一个特点就是忙，他们几乎没有什么固定的工作时间，随时都有事，只要他愿意，干一辈子也干不完。工作耽搁了，钱就减少，犹太人绝不浪费一分钟时间。

但是，对于犹太人来说身体健康是根本，而身体健康需要休息，休息必将和工作相冲突，怎么办？这时犹太人毫不犹豫地放弃工作，选择休息。

假如你不理解，向犹太人提问：“你们工作一小时可赚50美元，如果每天休息一小时，一月就少赚1500美元，一年少赚18000美元，这值得吗？”

犹太人会比你算得更快：“假如一天工作8小时不休息，一天可赚400美元，那我的寿命将减少5年，按每年收入12万美元计算，5年我将减少60万美元收入。假如我每天休息一小时，那我除损失每天1小时的50美元外，将得到5年每天7小时工作所赚的钱。现在我60岁，假设我按时休息还可活10年，那么15万和60万谁大呢？”这在犹太人看来是很简单的道理。

犹太人确实是很精明的，不会休息的人是愚蠢的人！

俗话说：“不会休息，就不会工作。”那些不重视休闲生活的人，总是以工作太忙，抽不出时间来搪塞。实际上不走出办公室，是无法体会到海边沙滩日光浴，或去爬山所能享受到的大自然的风情对消除身体疲劳的好处。这些人总是占用自己的休息时间去工作，使自己一天到晚在紧张忙碌中度过，而这一切对身体健康、提高工作效率、个人生活都是有害的。俗话说：“休息是为了更好地工作。”一张一弛，你必须学会安排自己休息。

把休息时间列入作息时间表，与工作同样看重，坚持执行。如果你决定下午抽出一个小时来锻炼身体，就应当丝毫不动摇，绝对不让其他事情来剥夺这段宝贵时间。

因此，劳动、休息、谈话……你需要合理分配时间。能否在事业上成功，实际上主要取决于你怎样去安排时间。应该好好地安排你的休闲时间，且坚决执行。只有这样，才能“享受生活，享受挣钱”。

太累的时候需要歇歇

对大多数人来说，现在拼命工作，是为了将来可以“少干活”或“不必工作”，希望有朝一日能整天游山玩水，过着享乐的日子。但对某些人来说，他们之所以工作，是因为他们无法从工作中自拔，离不开工作，他们就像一台高速运转的机器一样，完全无法让自己停下来。

2006年5月28日，年仅25岁的华为固网产品线硬件工程师胡新宇，因长期加班导致急性脑炎，经抢救无效去世。两天以后，5月30日深夜，广州市35岁的服装厂女工甘红英猝死在出租屋内。此前4天，她的工作时间长达54小时25分钟，她生前一直在喊“累”。

太多的人在底层为生存为前途拼了命地工作，疲于奔命。由于工作时间过长、劳动强度加重、心理压力过大，从而导致精疲力竭，甚至引起身体潜藏的疾病急速恶化，继而出现致命的症状，这样就潜伏着“过劳死”的危险。如今，疯狂工作不注意休息的人真是太多了，这种不尊重健康的现象不仅在中国，在全球都是如此，不仅有底层的人士，还有高层的人士。

2005年4月10日上午8点44分，陈逸飞因上消化道出血在上海华山医院去世，享年59岁。这位广受赞誉的“视觉艺术家”，因为劳累而在离60岁还有4天的时候结束了生命。陈逸飞广泛涉足电影、时装、环境、建筑、传媒出版、模特经纪、时尚家居等多个领域，他太有才华了。但是，陈逸飞的去世是因为他玩命工作，是因为他一直没有停下来的蒸蒸日上的事业，虽然他已经拥有几辈子都花不完的财富，有显赫的名声。陈逸飞的去世，似乎不仅仅是给那些才华横溢的艺术界的人士以提醒，也是给常年辛苦工作的企业老板以警示："身体才是革命的本钱。"这句话虽然老生常谈，却是传世名言。

我们只要稍微回顾一下，就会发现很多人的去世都让人遗憾：2004 年 11 月 7 日晚，均瑶集团董事长王均瑶，因患肠癌医治无效，在上海逝世，年仅 38 岁；2004 年 4 月 8 日，爱立信中国有限公司总裁杨迈由于心跳骤停在京突然辞世，终年 54 岁；2004 年 3 月 4 日，52 岁的大中电器总经理胡凯因心脏病突发逝世；2002 年，青岛啤酒老总彭作义游泳时突发心肌梗塞去世……这些都是大名鼎鼎的企业家，都是叱咤风云、令全球关注的企业领袖。

胡新宇事件发生以后，曾经在华为担任副总的李玉琢在访谈时说："年轻人参加工作不久，缺乏工作经验和生活积累，为了提高业务，做出成绩，工作上肯定要付出，但绝对不能极端到以损害健康甚至是死亡作为代价。企业也应在潜移默化中营造一种人文关怀，对年轻人的生活给予适当关注。对于某些不会休息的工作狂，甚至要逼着他去休息。"

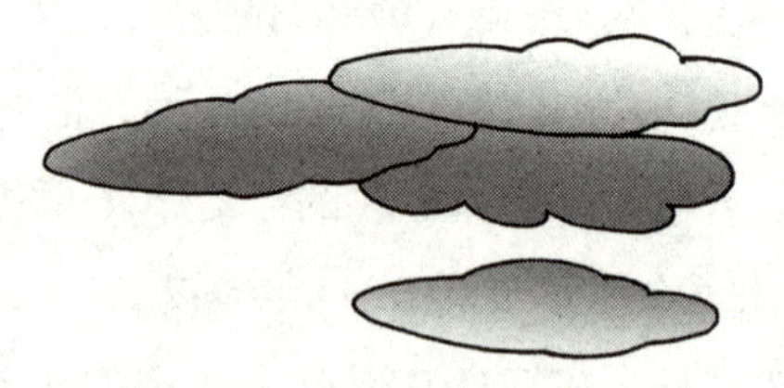

王均瑶英年早逝后，正泰集团董事长南存辉闻知消息，立即发去唁电表示哀痛，同时也要集团公司的干部职工健康

工作。能工作还要会休息，这是南存辉一贯的原则。他经常说，一个人每天只有6个小时的有效工作时间，工作时间长了没有效果。他主张提高单位时间内的工作效率，不主张打疲劳战，能站着开会的，不坐着开，能在桌边开会的，不在会议室里开，能写便条的，不下文件。南存辉不提倡主管天天加班，天天熬夜，搞得心脏病突发，有本事的主管应该是把事情交给部下去做，而自己却是轻松的。

会休息的人才是会工作的人。要想有健康的身体，必须吃好、睡好、玩好，身心的轻松愉快才是最好的休息。一个人无论做什么，都应该知道在适当的时候放下工作轻松一会儿，在紧张的工作中松弛自己的神经。

注意休息，消除疲劳

2009年3月18日上午，成都科华北路与锦绣路相交的丁字路口，在某IT公司上班的田金勇倒在斑马线上，而后抢救无效死亡。抢救医生说，过度疲劳是田金勇死亡的重要诱因。

生命说脆弱也脆弱，所以我们更要关注自身健康，一定要注意劳逸结合，消除疲劳，消除隐患，不让悲剧发生在我们身上。

以下策略对你减轻或消除疲劳特别是心理性疲劳大有裨益：

（1）按生物钟作息。所谓生物钟，是指人体内各器官所固有的生理节律。人体内的生物钟约有100多种，在大脑的统一指挥下协调各器官的功能，并规范着人的活动，如睡眠与觉醒、记忆与思维的涨落、体力与精力的兴衰等，一个人要按照自身的节律来安排作息，不能违反、干扰这种节律。

例如，晚上10点前上床入睡；早上6点左右起床；7点进早餐；9～11点精力充沛、记忆力强，是工作或学习的大好时机；而下午1～3点体温下降，荷尔蒙水平趋弱，人需要放松，故最好午睡半小时；3～5点乃是继上午9～11点之后的又一个精力与体力的高峰期；6点进晚餐；7～9点的记忆力最佳，是一天中第三个学习或工作的黄金时间段；而晚上10点又到该入睡的时候了。如果你反其道而行之，晚上熬夜，中午不睡午觉，三餐不定时，则将整天昏昏沉沉，疲惫不堪。

（2）科学进餐。人的精力与体力的能量来源是食物，故科学进餐能从根本上防治疲劳症。不吃早餐或吃得太少是绝对错误的，到了上午10点左右便免不了会疲倦。这是因为血糖降低，而身体和大脑都要依赖血糖来维持活力。故要想上午精力充沛，须吃糖分低而蛋白质含量高的早餐。午餐也应如此。切记多吃甜食并不能增加体能，反可使精神更差。若为女性，还应考虑是否缺铁，并多食用一些如动物肝、血以及蛋类、紫菜等高铁食物。另外，当你出现疲劳感时，宜增加蔬菜、水果、奶类等碱性食物，以便中和体内过多的乳酸，不宜多吃肉、糖等酸性食品，以免增加酸性代谢产物而加重疲劳感。对于脑力劳动者，还可在三餐之外吃点巧克力，及时提高血糖浓度，防止脑细胞活力因血糖下降而下降，导致脑疲劳。

（3）主动求乐。疲劳不仅是体力不济的表现，失望、焦虑、恐惧、神情沮丧等也使人精力衰竭，心理性疲劳就是如此。前南斯拉夫医学博士波卡斯奉献的“锦囊”是“多笑”。他认为笑是最佳的“精神松弛剂”，10

分钟大笑能使人全身放松45分钟，男子每天应笑14～17次，女子应笑13～16次。当然，这种笑应是发自内心、自然坦诚的。因此，应多与有幽默感的人接触，多看相声、小品、富有喜剧色彩的影视节目，主动求乐。

（4）坚持运动。运动医学专家认为，要想保持持久旺盛的精力，需要经常运动，以增加体能储存，每周散步4～5次，每次30～45分钟，或一星期进行3～4次温和的户外活动，每次30分钟，都是必要的。刚开始时，你也许会感到运动后更为疲劳，这正说明你的机体需要调整，坚持一段时间后你便会慢慢适应，体能会逐渐增加，抵抗疲劳的能力会得到强化。

（5）常做深呼吸。在学习或工作之余，可选择一处空气清新之地做深呼吸，吸气时腹部缓缓鼓起，呼气时腹部慢慢凹下，持续5～10分钟即可。此法可以缓解紧张情绪，并增加大脑所需要的氧气。

（6）留出机动时间。产生心理性疲劳的一个因素是满负荷的工作安排，这可以通过早做计划来解决。每天在自己的时间表中留出半个小时的时间，利用这半个钟头你可以打电话、浏览信件和朋友交谈等，使自己获得喘息。

注意休息，消除疲劳，让疾病隐患消弭于萌芽，让健康常伴身边，让悲剧远离自己。

不要让自己的健康亮红灯

整日忙碌的上班族，事业、收入大有起色，但工作上的负担和压力、繁重的工作任务、接连不断的应酬、频繁的出差等，早已使这些人的健康亮起了红灯！想在职场上乘胜追击，慢性疲劳、失眠、头痛却会让人屡屡受阻……

但是迄今为止，仍有许多人未能提高警惕，继续在恶劣的办公环境里忙碌。因此，一个人要想做好工作，不仅要有卓越的管理能力，而且还要有健康的体魄。像制定企业的战略一样，对健康也要细心地去经营。一个连自己的健康都不能保证的人，在工作的时候也不可能发挥卓越的才能。

要想拥有良好的身体素质，首要的任务就是改变时间被大量的工作、应酬及出差所瓜分的情形。人们要自由支配时间，否则就不能保证睡眠、进食和运动，而这些乃是摄取营养的根本。只有善于保养自己的人，心才会变得更加宽容。把握好平衡才是经营健康之道。

有人曾经做了这样一个试验：让一组身强力壮的青年搬运工人往货轮上装铁锭，小伙子们连续干了4个小时，结果勉强装了12吨的货物，而且个个都精疲力竭。但是，一天后，同样让这些小伙子每干26分钟就歇息4分钟。同样花4小时，却装了47吨铁锭且不觉得很累。试验表明，人体持续活动愈久或劳动强度愈大，疲劳的程度就愈重，消除的时间也愈长。

人体疲劳的产生有一定的物质基础，这就是人体在新陈代谢过程中，产生的二氧化碳、乳酸、非蛋白氮等。当人体内的这些疲劳物质积累到一定程度，达到“疲劳阈值”，人就会感到疲劳。人体内也有能消除、转化这种疲劳物质的机制，但有一个度，疲劳物质的数量在“疲劳阈值”以下时，这种物质很快被消除。疲劳物质的数量达到、超过一定范围，消除它们的时间就大大延长，同时又极易诱发许多疾病的发生。识别疲劳最简单的办法是早晨起床后照镜子，观察自己的脸色。因为，脸色与人体内脏有着极为密切的联系。面部色泽的好坏，完全可以反映出一个人的健康状况，因此有人说脸色是健康的调色板。

一般而言，经过一晚上八九个小时的睡眠，疲劳应该消除。精神充沛，面色红润且有光泽，说明健康状况良好。而面色晦暗或萎黄，口唇发紫，眼圈发黑等，提示疲劳没有消除，亚健康已经发生，甚至过劳或疾病已经来到，应尽快设法进行自我调节，适当减轻工作量，增加休息时间和补充营养。

专家提出，以下信号可作为判断你有无疲劳以及疲劳的程度：

（1）早晨不想起床，即使勉强起床，也是浑身倦意。

（2）工作或看书老开小差，写文章差错连连，注意力难以集中。

（3）说话懒言懒语，有气无力。

（4）不愿与同事交谈，回到家后也常常默不作声。

（5）总想伸懒腰，打哈欠，睡眼惺忪。

（6）懒得爬楼，上楼时常常绊脚。

（7）公共汽车开过来了也不想抢步赶上去。

（8）喜欢躺在沙发上，并把腿抬高，才感舒服些。

（9）四肢发硬，两腿沉重，双手易发抖。

（10）食欲差，不思茶饭，厌油烟、恶心。

（11）时有心悸、胸闷、厌烦，心中有一种说不出的难受滋味。

（12）经常腹胀、腹泻或便秘。

（13）忘性大，越是眼前的事越易忘掉。

（14）不易入睡或早醒，入睡后做梦不断。

（15）经常头痛、头晕、耳鸣。

（16）易患感冒，且患感冒后迟迟不愈。

（17）不明原因的消瘦，体重逐渐下降。

（18）脾气变坏，爱发火，烦躁不安。

针对上述信号，你不妨来个“对号入座”。若有 2～3 项，表示轻度疲劳；若有 3～4 项，表示中度疲劳；若有 5～7 项，则表示重度疲劳，并提示你可能患有潜在性疾病；若具备 8 项以上，几乎可以肯定你可能罹患某种隐性疾病，应到医院检查治疗，不可延误。

特别要提醒的是，不论是脑力疲劳还是体力疲劳，最好的保养方法之一就是睡眠。晚上10时至次日凌晨2时是人体内细胞坏死与新生最活跃的时间，此时不睡足，细胞新陈代谢就会受到影响，人就会加速衰老。长时间晚睡和睡眠不足，白天精神萎靡、瞌睡连连应当引起重视，若经过调整仍未消除疲劳的，应让医生检查，千万不要一拖再拖，贻误病情。

一定要在欲望与现实之间找到平衡点

很久以前，有一位皇帝经过多年战争终于攻占敌国，高兴之余便决定重赏昔日忠心耿耿的大臣，于是下了这样一道告示：所有三品以上的大臣，都将获得一片土地，而且，土地的多少，由大臣们自己决定，方法是每一个大臣骑一匹马，在3天之内，绕着广袤的土地跑上一圈，圈子里的土地，就归个人所有；三品以下大臣由皇帝赏赐珠宝。

告示刚张贴出来，大臣们中间就沸腾开了，纷纷为国王的赏赐而兴奋不已，大呼英明。几乎每个可以跑马圈地的大臣，都在最快的时间里，找到了各自认为最好的骏马，准备占领自己相中的土地。其中有一个大臣，身体消瘦，是朝中有名的“贫困户”，官场上钻营了大半辈子，也不过管理一个清水衙门，虽然大贵却无大富的可能。在这次的圈地风潮面前，这位最喜欢占些小便宜的功臣，早已按捺不住内心的激动，心想：自己穷了一辈子，现在终于有机会大大地富贵一把了！自己一定要想个办法圈到最多的土地。

一番苦思冥想之后，这位穷大臣终于有了一个绝妙的计策，不禁喜上眉梢。原来，他为了能比别人得到更多的土地，干脆带足了3天的干粮，发誓要一直不停地跑下去，不到 3 天绝不下马。

就这样，穷大臣开始了自己的计划。第一天过去了，他就感觉太累了，神思恍惚，只有靠吃些食物才能有点精神。第二天，他握着缰绳的手已经麻木、不听使唤，眼睛也几乎睁不开了，连续两天强打精神，已经让他本来衰老的身体，几乎失去了最后的一丝生气。他太渴望休息一下了，无数次地想要放弃，但是，圈地最多的伟大梦想压倒了一切。终于，在一轮红日从东方升起的时候，已经在崩溃边缘的穷大臣，开始了第三天的征程。他极度乏力，但却无法进食。他枯坐在马背上，再无法像开始时那样精神抖擞，连拉一拉缰绳，都要拼尽全力。有好几次，他感到两眼发黑，似乎要从马背上栽下，但是，想到以后自己能成为这个国家最大的地主，他又顽强地坚持着。

日头一点点地向西方移动，3 天的跑马圈地期限已近尾声，一个极其壮阔宏大的圆圈即将成形，穷大臣当初的梦想，眼看就要变成现实。此刻胜利在望，穷大臣想起了年轻时鏖战沙场的英姿，不禁想学一学当年的样子，他居然真的举起了臂膀，却没想到，挥起双臂的瞬间，他整个人从马背上摔了下去，再也没有站起。此时，离盼望已久的终点，只有几百米远。

欲望能助人成功，但也会使人疯狂，其间的区别在于人是否能够理智对待。人的贪欲永无止境，永远无法满足，可是我们的能力、精力有限，你必须知道自己的底线，否则就可能会像跑马圈地的穷大臣一样因为贪婪的执念而丧失了性命。找到欲望和现实之间的平衡点，你才能更好地控制欲望而不致为其疲于奔命、身心俱累，而为了一时欲望甚至丢了性命是多么不智。

第三章 RENSHENGJINGYAN

人生最大的欠缺是智慧

世界上辛苦努力的人千千万，可是走在时代前沿的人却只有那么一小部分。只会盲目苦干，不懂得为未来谋划的人，只有重复没有前途。只有勤于运用自己的智慧，多思多想，懂得另辟蹊径，出奇制胜，才能使我们更容易走向成功，创造奇迹。可以说智慧诠释卓越人生。

盲目苦干，只有重复没有前途

以前，我们经常听到“没有功劳也有苦劳”，“他是我们单位里的一头老黄牛，尽管业绩不突出，但一直勤勤恳恳”之类的话。苦劳很容易让我们感动，勤奋努力也是我们要倡导的。然而，如果我们能巧干，为什么要苦干呢？如果我们得不到好结果，再辛苦的过程又有什么用呢？在这个时代，那些光知道苦干、穷忙的人，已越来越难获得用人单位的认可，也很难取得好的成就。

年轻的伐木工人第 1 个月每天砍 10 棵树，他的斧头锐利，而且身强力壮、精神奕奕。

第 2 个月，他一样努力地工作，事实上，他觉得他比第 1 月工作得更努力，但是每天却只砍了 8 棵树。

第 3 个月，他尽全力地工作，但是每天只砍了 7 棵树。

又过了1个月，数目减少为5棵。到了第5个月，他每天只能砍倒3棵树，而且在黄昏之前就觉得筋疲力尽。

一天早上，他正在费力砍树的时候，一个老人经过，问他："你为什么不停下来磨一磨斧头呢?"

他回答："没时间，我正忙着砍树。"

带领蒙牛集团取得了惊人发展速度的牛根生，经常向蒙牛员工们强调这样的理念："1两智慧胜过10吨辛苦。"如果通过找到支点，利用一根杠杆就可以把巨石搬动，那么我们又何必花费大量时间物力去请人搬走它呢？勤奋只是成功的一个原因，甚至只是人的一种美德，却不应该被认为是我们取得成功的唯一条件。我们鼓励勤奋，我们更鼓励有智慧的勤奋！成功者除了比一般人勤奋，还要比一般人更善于运用他们的智慧！

出来谋生的人，天底下到处都是，但结局却迥然不同。有思想的人能开创无限的天地，没头脑的人依然重复着昨天。在这个讲效率的年代，蛮干是没有前途的，不管你多么用力。

智慧会给人带来好运

有时候，我们总会对某个目标或问题产生一系列错觉——"那是不可能的"、"简直是异想天开"……而有的人，通过缜密的分析，果断的出手，却收到了令人啧啧称奇的效果。

2001年5月20日，美国一位名叫乔治·赫伯特的推销员，成功地把一把斧子推销给了小布什总统。布鲁金斯学会得知这一消息，把刻有"最伟大推销员"的一只金靴子赠给了他。这是自1975年该学会的一名学员

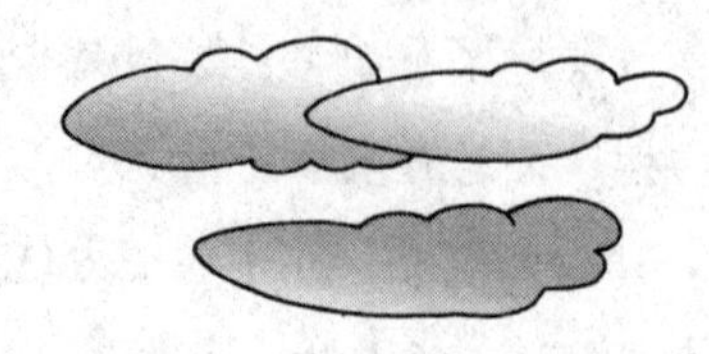

成功地把一台微型录音机卖给尼克松以来，又一学员跨过了如此高的门槛。

布鲁金斯学会创建于1927年，以培养世界上最杰出的推销员著称于世。它有一个传统，在每期学员毕业时，设计一道最能体现推销员能力的实习题，让学员去完成。克林顿当政期间，他们出了这么一个题目：请把一条三角裤推销给现任总统。8年间，有无数个学员为此绞尽脑汁，可是，最后都无功而返。克林顿卸任后，布鲁金斯学会把题目换成：请把一把斧子推销给小布什总统。

鉴于前8年的失败与教训，许多学员知难而退。个别学员甚至认为，这道毕业实习题会和克林顿当政期间一样毫无结果。因为现在的总统什么都不缺，再说即使缺少，也用不着他亲自购买；再退一步说，即使他亲自购买，也不一定正赶上你去推销的时候。

然而，乔治·赫伯特却做到了，并且没有花多少工夫。一位记者在采访他的时候，他是这样说的：“我认为，把一把斧子推销给小布什总统是完全可能的，因为，布什总统在得克萨斯州有一个农场，那里长着许多树。于是我给他写了一封信，说：有一次，我有幸参观您的农场，发现那里长着许多矢菊树，有些已经死掉，木质已变得松软。我想，您一定需要一把小斧头，但是从您现在的体质来看，这种小斧头显然太轻，因此您仍然需要一把不甚锋利的老斧头。现在我这儿正好有一把这样的斧头，它是我祖父留给我的，很适合砍伐枯树。假若您有兴趣的话，请按这封信所留的信箱，给予回复……最后他就给我汇来了 15 美元。”

乔治·赫伯特成功后，布鲁金斯学会在表彰他的时候说：“金靴奖已空置了 26 年。26 年间，布鲁金斯学会培养了数以万计的推销员，造就了数以百计的百万富翁。这只金靴子之所以没有授予他们，是因为我们一直想寻找这么一个人，这个人从不因有人说某一目标不能实现而放弃，从不因某件事情难以办到而失去自信。”

世界上的人大多数宁愿受他人的领导，也不愿意开启自己的智慧。而且对自己缺乏信心，遇到难题多是自动放弃，或者请教高人，于是发现未知的机遇白白地溜走了。乔治·赫伯特们则认定目标不放弃，充分动用自己的智慧，于千头万绪中找出解决问题的紧要所在，从而创造自己的辉煌。

动用大脑，智慧换来财富

1 磅铜，你能卖出多高的价格来？有人能卖出市场价的 1 万倍，而且不是坑蒙拐骗，你相信吗？这不是天方夜谭，动用大脑，智慧可以换来财富。

一天，父亲问儿子 1 磅铜的价格是多少，儿子答 35 美分。父亲说：“对！整个得克萨斯州都知道每磅铜的价格是 35 美分，但你应该说 35 美元。你试着把一磅铜做成门把手看看。”

20 年后，父亲死了，儿子独自经营铜器店。他做过铜鼓，做过瑞士钟表上的簧片，做过奥运会的奖牌。他甚至曾把一磅铜卖到 3500 美元的天价。他就是麦考尔公司的董事长麦考尔。

1974年，美国政府为清理给自由女神像翻新扔下的废料向社会广泛招标。但好几个月过去了，没人应标。正在法国旅行的麦考尔听说后，立即飞往纽约，看过自由女神像下堆积如山的铜块、螺丝和木料，未提任何条件，当即就签了字。

很多同行对他的举动暗自发笑，认为他的行动是愚蠢的。因为在纽约州，垃圾处理有严格规定，弄不好会受到环保组织的起诉。就在一些人要看麦考尔的笑话时，他开始组织工人对废料进行分类。他让人把废铜熔化，铸成小自由女神像；木头等被加工成底座；废铅、废铝做成纽约广场的钥匙；甚至自由女神像上的灰尘都被扫下来，包装起来卖给花店。不到3个月的时间，他让这堆废料变成了350万美元现金，每磅铜的价格整整翻了1万倍。

财富无处不在，只是我们缺少发现财富的眼睛，发挥你才智的创造性，勇于去发现财富卖点，这便是智慧创造财富。我们每个人都有无穷的奇思妙想，找到符合大众的推销点，就打开了财富的大门。

改变思维定式

想别人没想到的，做别人没做到的，就要求你特别注意工作中的细节。也许某个不经意的举动，就可以使你灵光一现，便有所突破进而前途无量了。

在美国一个世界级的牙膏公司里，总裁目光炯炯地盯着会议桌边所有的业务主管。为了在目前竞争已近白热化的牙膏市场立于不败之地，总裁不惜重金悬赏，只要能提出足以令销售量增长的具体方案，该名业务主管便可获得高达10万美元的奖金。

所有业务主管无不绞尽脑汁，在会议桌上提出各式各样的方案，诸如加强广告、更改包装、铺设更多销售点，甚至于攻击对手等等，几乎达到了无所不用的地步。而这些陆续提出来的方案，显然不为总裁所欣赏和采纳。所以总裁冷峻的目光仍是紧紧盯着与会的各位业务主管，使得每个人都觉得自己就像热锅上的蚂蚁一般。

在会议凝重的气氛当中，一个进到会议室为众人加咖啡的新加盟公司的年轻女职员无意间听到讨论的议题，不由得放下手中的咖啡壶，在大伙儿沉思于更佳方案的肃穆之中时，她怯生生地问道："我可以提出我的看法吗？"总裁瞪了她一眼，没好气地说："可以，不过你得保证你所说的能令我产生兴趣，否则你随时准备走人。"

这个女孩儿微微地笑了笑，小声地说："我想，每个人在清晨赶着上班时，匆忙挤出的牙膏，长度早已固定成为习惯。所以，只要我们将牙膏管的出口加大一点，大约比原口径多40%，挤出来的牙膏重量就多了一

倍。这样原来每个月用一支牙膏的家庭，是不是可能会多用一支牙膏呢？诸位不妨算算看。”

总裁细想了一会儿，率先鼓掌，会议室中立刻响起一片喝彩声，那个年轻女职员也因此而获得了奖赏，并得到了升迁。

工人李小庆也是一个在细节中求创新的人。李小庆在工厂劳动时经常看到，由于大部分零件的精密度都非常高，为了防止零件生锈，工人们都必须戴手套进行操作，而且手套必须套得很紧，手指头也要能灵活自如，这样一来，戴上脱下相当麻烦不说，手套还很容易弄坏。

为此，他常想，难道只能戴这样的手套吗？能不能改进一下？

有一天，李小庆在帮妹妹制作纸质手工艺品时，手指上沾满了浆糊。浆糊快干的时候，变成了一层透明的薄膜，紧紧地裹在手指头上，他当时就想：“真像个指头套，要是厂里的橡皮手套也这样方便就好了！”

第二天清早醒来，李小庆躺在床上，眼睛呆呆地望着天花板，头脑里突然想到：可以设法制成糨糊一样的液体，手往这种液体里一放，一双柔软的手套便戴好了，不需要时，手往另一种液体里一浸，手套便消失了，这不比橡皮手套方便多了吗？

他将自己的这一大胆想法向公司做了汇报，公司领导非常重视，马上成立了一个研究小组，把李小庆也从生产车间调到了这个组里。经过大家反复研究，终于发明了一种“液体手套”。使用这种手套时只需将手浸入一种化学药液中，手就被一层透明的薄膜罩住，像真的戴上了一双手套，而且非常柔软舒适，还有弹性。不需要时，把手放进水里一泡，手套便“冰消瓦解”了。“液体手套”一经推出，就深受欢迎。李小庆在细节中求创新的行为终于得到了应有的回报。

在工作中，许多员工抱着坚守岗位的态度，一切因循守旧，缺少创新精神，认为创新是老板的事，与己无关，自己只要把分内的工作做妥即可，舍此无他。这种思想实在是要不得的。要知道，谁也不比谁强，谁也不比谁差，你所拥有的，别人同样也可能拥有。如何才能突围而出、高人一筹？唯有打破常规，改变思维定式。社会所需要的也正是这种敢于突破的英才。

跳出成功的固定模式

美国加州有一个小牧童，小学毕业后，由于家境贫寒，被迫辍学，只能替别人牧羊，以赚取微薄的收入来补贴家用。牧童虽然辍学了，但极其想读书的愿望却一直留在他心里。残酷的现实一次又一次地将他的希望之火扑灭，于是，牧童决定自学并发誓以后也做一个大牧场主。

有了现实的目标，牧童便开始了切实的准备。只要是书，不管是传记还是小说，他都把羊赶到一块肥沃的山坡上吃草，然后一个人静静地看。

然而此后的麻烦也随之而来。羊圈的栅栏是用几根木桩围上几圈铁丝做成的，不够牢固。牧童由于太专注于书本，使得羊群总是随意行走，还毁坏了附近的庄稼。雇佣他的牧主不止一次为此事大发脾气。

牧童只得想个办法来改变现状，既能让羊不乱跑，又能使自己安心地读书。他开始反复琢磨使用一种不易被羊群顶坏的栅栏。突然间，牧童意外发现用蔷薇围起来的栅栏从来没有被羊群损坏过，哪怕它是那样的脆弱，而围着粗铁丝的地方总是被羊群撞坏。细想之后，牧童找到了其中的原因。

原来是因为蔷薇有刺，所以羊群都不敢贸然侵犯，要是全都用它来围栅栏，那不是就一切都解决了吗？于是，牧童找来了许多蔷薇，把它们种植在栅栏附近。但不久，他就停了下来。因为，要把数百平方米的围栏都密密地种上蔷薇太费事了，而且要等到蔷薇长成，并围成栅栏至少得要四五年的时间！

几天后，牧童想到了一条“抄近路”的办法。起先，他想过把蔷薇缠在铁丝上，但因蔷薇刺很快会枯萎而放弃。于是，牧童就想到把铁丝剪成5厘米长，缠在围栏上，再把铁丝的两端剪成尖刺状。这样做起来既快又容易，一天就能完成。

往后的日子里，羊群还是想出去，但由于受不了刺痛，都纷纷退却。

就这样，牧童“抄近路”发明了带刺的铁丝，并取得了发明专利。他很快凑集了一笔资金，开办了一家小工厂，夜以继日地生产这种带刺的铁丝。一些投资者看到这种东西很受牧场主的欢迎，都纷纷想给牧童投资。不久，牧童又把这个发明加以改进，使其效果更佳。随后，各地的订单接连不断，使得牧童不得不扩建工厂并增添设备。此时，他生产的带刺铁丝不仅供牧场使用，也被一些家庭作防盗用，广受欢迎。不久，带刺的铁丝网便风行世界。

有时，成功并不因你遵循固定的模式去刻意地埋头苦干而光顾你。事实上，在你奔向成功的道路时，你还需要讲究一些技巧，找一种抄近路的方法，这样可以避免困难的干扰，而且又能尽快达到目的。

也许你难以相信，一个一贫如洗的牧童，当初只是为了省下精力去读书而发明了“带刺的铁丝”，后来竟使他获得了巨大的财富。在面临一些事情时，惯性思维通常会不知不觉地左右人们做出草率的决定，因此，有许多美丽的风景就被轻易地错过了。

当你感到“山重水复疑无路”时，换一换思维方式，跳出惯性思维，你马上会找到一条新的道路，一个新的目标，一种“柳暗花明又一村”的境界。

选择比努力更重要

有的人在邪恶上寻找勇敢，而这种寻找最终会让他碰得头破血流；有的人在谎言中寻找安慰，而这种寻找只能让他陷入沉溺；有的人从吝啬者身上寻找慷慨，而这种寻找却让他一无所获。还有太多的人想从药物、酒精或者感官的兴奋中找到安宁与快乐，显然这些都没有用。不要在不必要的地方付出你全部的精力，若要有所收获，必须选择正确的方向。

有的人羡慕那些刚过“而立”之年，便已拥有巨额财富、显赫地位的成功人士，他们的成功也许是因为有好机缘，有贵人扶持……然而，最重要的是他们都是在正确的时机，正确的地点，选择了最理想的职业。

怎样才能找到最适合你的职业呢？台湾富豪蔡万霖相信直觉可以对人有所帮助。所谓直觉，是指“无需任何理由，立即就知道某件事情”。正是这种直觉帮助了那些因选对了职业而成功致富的人。

蔡万霖小时候，家里经济条件很不好。他发现妈妈每次做饭时，总是从定量的大米中抓出一小把放进坛子里，天长日久，竟也节余下来许多粮食。每当青黄不接之时，妈妈便把这些平日里积攒下来的大米拿出来供全家食用，以解燃眉之急。这件事给蔡万霖很大的启发，他想，如果主妇们每天都从零用钱中抽出一点存起来，时间久了，不也是一笔可观的数目吗？在与哥哥商量了一番后，兄弟俩决定在台北第十信用社开展一元钱开户的“幸福存款”储蓄活动，他们宣布，只要存一元钱，就可以当“十信”的客户。这一倡议得到了家庭主妇们的热烈响应。她们常常在上街购物的路上，顺道进“十信”，将手头的为数不多的零钱存进去。还有的中学生也将假期打工挣得的钱，扣去书本费后悉数存进了“十信”。

蔡氏兄弟的一元钱幸福储蓄大获成功，他们趁热打铁，又在台湾其他地方开了17个分社，个个生意红火。后来他们又增加了夜间办理储蓄业务。此后不久，“十信”已拥有社员10万多人，存款金额高达170亿元，一跃而成为台湾最大的信用社之一。

母亲生活中的一个小习惯给了蔡万霖“财富是靠累积得来的”这样一个重要启发。这种

思想不仅影响了他早期的创业，更在其一生追求成功的过程中起着至关重要的作用。人们评价他是“大胆创业，小心守成”的富豪，也称他为当之无愧的“聚财之神”。

还有人认为，生活中的一些小细节可以给我们的择业带来启发。

卡特在怀特汽车公司当经理的助手。一次，上司要卡特将一辆出事的卡车卖给收购废弃车辆的人，结果车子卖了450美元。两星期之后，上司又要卡特去买一副二手的引擎，装在另一辆卡车上。收购废弃车辆的人，从两星期前卡特卖给他的那辆卡车上拆下引擎，用换下来的引擎跟卡特讨价还价，然后他给卡特拿来580美元的报价单。

这令卡特茅塞顿开。他发现卡车上有许多零件很有价值，事实上，他以450美元价格出售的卡车，拆卸成零件之后出售，价值要增加2倍到3倍以上。这时候他的第一个反应就是，他要从事废弃物再利用的事业。

从此，卡特开始从事二手卡车零件的生意，并因此大赚特赚。自从他发现二手卡车零件获利惊人之后，仅过了一星期，就开始自己做。他以500美元的价格买下一辆事故卡车，拆解下来的零件，卖了2倍的价钱。靠着这个卖废车零件的工作，卡特迅速成为了一个百万富翁。他告诉身边的朋友：“嘿！伙计，留心那些小事，说不定哪个小细节就可以让你走上一条致富之路!”

而弗雷森夫妇的择业秘诀则是，做别人很少去做的工作。他们说：“如果每个人都做同样的事情，竞争太激烈，那么根本就赚不到钱。”

尽管弗雷森夫妻都不是大学毕业生，但是他们的资产净值却超过大部分的大学毕业生。他们都很努力工作，想要成功致富，早点退休享福。当年弗雷森33岁，弗雷森太太29岁，他们向父母借了33美元，购买了一部二手的全自动洗车设备，开始了自己的创业之路。他们认为这是一个理想的事业，竞争对手少，获利较多，更容易达成自己的目标。弗雷森太太曾对访问他们的人说：“感谢你没有将洗车业纳入白手起家致富的行业，因为愈少人注意这个行业愈好。”

选择就像是盖房子，如果房子盖在不理想的地点，地基是泥沙或沼泽，即使地面上的建筑花了几百万美元，这栋房屋还是不稳固。你需要不断地跟流动的泥浆与沼泽搏斗，但是永远也无法取胜。只有将房子建在坚实的土地上，这房子才经得起风吹雨打，你也不必再跟这些不利因素搏斗。

选择不对，努力白费。昨天的选择决定今天的结果，今天的选择决定明天的结果。所以你一定要拥有选择的智慧。

敢异想则天开

“陛下，给我一条帆船出海一战吧，让我把英国佬打得灵魂出窍。”1916年，德国的少校鲁克内尔对威廉二世如是说。

此话一出，所有人都惊诧不已。

假如这是在中世纪，这样敢于挑战大不列颠的军官固然有些鲁莽，但至少会获得勇敢刚毅的美名。但时光已经到了20世纪，这个时候，帆船早已成为一种古董，已经不可能作为战船来使用了。

鲁克内尔从小就是个富于反叛精神的人。他胆大心细，善于独出心裁，想别人不敢想，做别人不敢做的事情。

幸运的是威廉二世却认真地听取了这位少校的“疯话”。

鲁克内尔向威廉二世解释道：“我们海军的头儿们认为我是在发疯，既然我们自己人都认为这样的计划是天方夜谭，那么，英国人一定想不到我们会这样干的吧。那么，我认为我可以成功地用古老的帆船给他们一个教训。”

这段话充分体现了鲁克内尔独特的思维，如果他是一个受过正统军事教育的军官，相信他是很难想出这样的主意的。“老粗”的个性充分凸现，

这样的奇思妙想让他与众不同。正因为这样冒险的想法才成就了他的一次辉煌，成就了他人生的一次飞跃。

威廉二世被说动了，他同意了鲁克内尔的计划，用一条帆船去袭击英国人的海上航线。

鲁克内尔经过千辛万苦终于找到一条被废弃的老船，取名“海鹰号”。在他亲自设计监督下，这艘船开始了古怪的改造工程。

12 月 24 日圣诞夜，海鹰号出击了，顺利突破英国海上封锁线，抵达冰岛水域，大西洋航线已经在望。

正在船员们为之高兴的时候，海鹰号和英国的复仇号狭路相逢。

海鹰号的火力只有两门 107 毫米炮，而复仇号却是一艘大型军舰，硬拼显然不是对手。鲁克内尔灵机一动，主动迎上去让他们检查，英国的检查员见是一条帆船，看也不看，放过了这艘暗藏杀机的帆船。

1 月 9 日，到达英国海域后，在鲁克内尔的指挥下，海鹰号突然发起进攻战，全歼英国船只，获得了巨大的胜利。

鲁克内尔的这种不切实际的做法为他赢得了成功。正因为这种不切实际的做法让敌人处于轻敌的状态，而海鹰号则轻而易举地攻入敌方的心脏，从而获得战争的胜利，给一个国家带来了荣誉。对鲁克内尔而言，不切实际的想法实际就是一种可以打对方一个措手不及的想法，是一种建立在充分了解对方的基础之上的一种“不切实际”，不是那种通常所说的“瞎想”，“胡想”。

战场上需要老粗们有敢想的胆识，对竞争激烈的商场来说更需要具备这样的品质，从而在商战中胜人一筹。李书福的发迹史就很好地诠释了这一论断，他的突发奇想创造了世界上第一辆踏板式摩托车。

曾有人说过，如果没有像吉利创始人李书福和他领导下的吉利人那样的一大批中国汽车人，那么对于中国的普通家庭而言，汽车消费也许会推迟十多年。而之所以能站在中国汽车领域的领军地位，其创始人李书福的突发奇想起了决定性的作用，正是他的这种超乎常人的老粗式的想法，使得世界上第一辆踏板式摩托车得以诞生，开启了摩托车行业的新纪元。

1993 年，李书福去某大型国有摩托车企业参观考察，看见摩托车产销两旺的势头，他紧抓机会，向该企业老总提出愿意为他们做车轮钢圈配件。

对方一听，微笑着说：“这种高技术含量的配件哪是你们民营厂能完成的，你还是该干什么还干什么去吧!”

不信邪的李书福憋着一肚子气回到公司，大胆提出要自己制造摩托车整车。结果，周围反对声一片，就连他的亲兄弟都笑他自不量力：“真出车祸死了人，有你好看的。弄不好千年砍柴一夜烧。”

面对困难，李书福没有放弃这种大胆的想法。

终于，皇天不负有心人。李书福仅用了 7 个月的时间，就研制开发出了中国同行一直没能解决的摩托车覆盖件模具，并率先研制成功四冲程踏板式发动机。接着又与行业老大嘉陵强强联合，生产出了“嘉吉”牌摩托车。不到一年的时间，又开发出中国第一辆豪华型踏板式摩托车，很快便替代了日本和台湾的同类摩托车。这种新型摩托车不仅一直占据国内踏板车销量龙头地位，还出口美国、意大利等 32 个国家和地区。1999 年，吉利摩托车产销 43 万辆，实现产值 15 亿元，吉利集团也因此赢得了“踏板摩托车王国”的美誉。

李书福敢想敢做的创业路子使他取得了巨大的成功，从市场上得到了丰厚的回报。

“鲁克内尔”、“李书福”等人之所以会成功，在于他们想常人不敢想，从而开辟了一条通往成功的康庄大道。拉开历史的帷幕，我们就会发现，凡是世界上有重大建树的人，在其攀登成功高峰的征途中，都会灵活地进行思考，并能够勇于实践一些不切实际的想法，成就伟业。

出奇方能制胜

结果是检验事情成败的唯一标准，所以，办事情必须讲究策略和方法。这里的策略和方法并非是指要什么阴谋诡计，而是说尽量用最佳策略和方法来争取最佳结果。这个策略和方法越是简单、有效，就越有杀伤力。

我们在办事中要做到有把握，就必须知彼知己。孙子说：“不知彼而知己，一胜一负；不知彼，不知己，每战必败。”我们无论办任何事均应做好事前的调查工作，冷静客观地认清双方的具体情况，才能获胜。

经济活动是人与人之间的战争，因为其中包含着许多人为的因素，诸如情感因素在内，所以不可能有完全的胜算，无法确实地掌握。不过，至少要有七成以上的胜算，才可进行计划。

军事上讲：不打没有把握的仗，同理，我们办事也不要办没把握的事。因为，办有把握的事，才会有胜算；办有把握的事，成功的几率才会更大。

要想达到办事成功的目的，就必须有一点绝招，见人之所未见，行人之所未行，方可达到出奇制胜的目的。

用众所周知的办法取胜于人，不算有本事。你能举起一根毫毛，不能说有力气；能看见太阳和月亮，不能说有眼力；能听到轰隆的雷声，不能说耳朵比别人灵。会办事的人，总是先人而出，先人而动，出奇制胜。

有个犹太商人，他把独生子鲁特送到外国去读书。不久这个犹太商人突然病倒了，在弥留之际，他立下遗嘱，把家中所有财产都转让给了长期服侍自己的贴身奴隶。不过如果他的儿子鲁特要财产中的哪一件，奴隶须毫无条件地满足他。商人死了以后，奴隶很高兴。他披星戴月赶往国外，找到小主人，把老爷临死前立下的遗嘱拿给他看，鲁特看了以后十分伤心。

安葬好父亲后，鲁特一直在心里盘算自己应该怎么办。最后，他跑去找一个叫罗德曼的朋友，向他说明了情况。罗德曼听了以后说："你的父亲非常聪明，而且非常爱你。"鲁特不满地说："一个把财产全部送给奴隶的人还谈得上什么聪明，简直是愚蠢！"

罗德曼叫鲁特多动动脑子，只要想通了父亲希望他要的东西是什么。罗德曼告诉他："你父亲非常清楚，自己死后，身边没有一个亲人，奴隶可能会带着自己辛苦挣来的财产逃走。所以，你父亲才在你不在身边的情况下使用了这种把全部遗产保护下来的办法。"可是，鲁特还是无法明白，既然都送给奴隶了，保管得再好，对他又有什么好处。

罗德曼见鲁特死不开窍，只好实话实说："奴隶的财产全部属于主人，这你是应该知道的。你父亲不是给你留下了一样财产吗？你只要选那个奴隶就行了。这是多么精明的想法呀！"

鲁特终于明白了父亲的良苦用心。原来，父亲使用了一个权宜之计，遗嘱中所给予奴隶的一切用一个“但是”作为前提，把奴隶美好的一切都变成了梦幻泡影。这个“但是”是这个犹太商人所立遗嘱的关键。

智慧的犹太商人正是利用此招数成功地保住了自己的财产，他的做法很值得我们学习和借鉴。因此，办事情的时候，只要心中有把握，再加上头脑中有出奇制胜的方法，事情就一定能够办成。

我们在办事时，蕴含着很多的技巧，其中出奇制胜就是其中之一。出奇制胜需要一颗灵活的头脑。有人曾经说过，所有成功的秘密就在于对你身边的一切保持高度关注，调整自己以适应周围的环境；意识到时机资源的宝贵，在适当的时间里说别人想听的话和需要听的话；仅仅处理好事情是远远不够的，还需要在适当的时间和适当的场合去处理。出奇制胜是敏锐的洞察力以及在紧急时刻快速反应能力的综合产物。

人可以穷，想法却要“富有”

这是一名“独一无二的乞丐”的故事：

18 岁那年，我和好朋友布让同时被父母踢出家门，我俩发誓要父母“好看”。布让马不停蹄地开始挨家挨户擦窗洗车、送外卖。而我，看着豪宅内的父母一肚子委屈；摸摸兜，退一步海阔天空吧！可我真不愿擦窗，不愿出臭汗，不愿……我很懒。

懒不等于笨，这世界上无非就两种生意：产品和服务，我精心琢磨如何做起“产品”生意。我能卖什么产品呢？数数钱，最好卖什么信息。卖什么信息呢？思来想去，我发现自己最大的优点是幽默，于是我决定卖笑话！人们工作一天累了，肯定喜欢听我讲笑话。

于是，我在蒙特利尔商业繁华街上立了块纸牌：“25美分，讲笑话给你听。”我坐在那里忐忑不安，肚子里的“产品”只有3个笑话，得将它们反复卖出去。街上的行人走过去，偶尔瞟我一眼。我浑身冒汗，有些心虚，觉得自己卖“笑话”的想法有多么愚蠢。突然，一个商人扔给我几枚硬币：“OK，给我讲一个笑话。”我边讲边祈祷他快笑，没想到他真笑得前仰后合，笑得我信心倍增！接下来一个小时内，我摩拳擦掌“笑”对来客，几乎每4分钟卖出一个笑话，一下赚了20美元！

第二天，我做了更大的牌子挂在胸前，开始在几条繁华街流动“推销”。结果每小时可以赚进40美元！卖了一周笑话后，我赚到足够的钱搬到多伦多，将生意发展到别的城市去！那里有更多的繁华步行街和华丽餐厅酒店，我制定了“笑话生意”扩展计划：（1）为不同类型的人准备不同的笑话；（2）把笑话收集起来复印好，卖50美分一张。

客人比以前急速增多。我每小时能赚到80美元，笑话纸一天也卖出200多份！我去政府注册交税，但政府对这种生意“闻所未闻”，我只好勉强做着不交税的生意。警察经常会阻止非法经营者，但对我束手无策，因为我会用笑话“行贿”，没人拒绝得了欢乐。

金钱滚滚而来，我在多伦多出了名。大量客人前来寻找“讲笑话的人”，电视台将我搬上荧屏，加拿大权威报纸把我的大笑脸放在头版，报道标题：“独一无二零点投资的好生意!”我高兴得乐翻天——能上那家报纸的头版，必须是政界名人或巨商富贾！奶奶看了报纸后，气得说父亲把我逼成了乞丐。

我不是乞丐，我是在用自己的大脑创造财富，我的“财富”为很多人带来了欢乐，我为自己的独立感到骄傲。

别等着财富来找你，主动去“创造”财富吧！因为很多人的大脑里都有“魔法盒”、都有灵光乍现的好主意，但很多人总是想想就放弃了，最终没有去做，好点子也被浪费掉了。何不试着把你的创意实践起来，说不定它能带来滚滚财源。

第四章 RENSHENGJINGYAN

人生最大的可怜是自卑

自卑是成功的敌人，使我们变得胆怯、虚弱，也使我们的人生脆弱，经不住生活的风雨。年轻人，生活、事业都还刚刚起步，征途还漫长着呢，即便起步时迟缓了一些，或走了点弯路，成绩一时不如人，也远不足以决定一个人的一生。所以不妨抛开自卑！因为它除了消磨一个人的雄心、意志，没有其他好处。

自卑之人无大成就

一个人要想改变自己的命运，最重要的是自信，要始终相信自己。自信是对自我能力和自我价值的一种肯定。在影响自己的诸要素中，自信是首要因素。有自信，才会有成功。

自卑是一种消极的自我评价或自我意识，即个体认为自己在某些方面不如他人而产生的消极情感，是一种危机心态。自卑是束缚创造力的一条绳索，要想成就一番事业，首先要做的一项工作就是拒绝与自卑纠缠。

据有关专家统计，世上有92%的人是因为对自己信心不足，而不能走出生存的困境。这种人就像一棵脆弱的小草一样，毫无信心去经历风雨。这就是说，缺乏自信，而在自卑的陷阱中爬来走去，是这些人最大的生存危机，自然就会导致挫败。如果不能从自卑中挣脱出来，那么就成不了一个能克服危机的人。

有一次，松下电器公司招聘一批基层管理人员，采取笔试与面试相结合的方法。计划招聘15人，报考的却有几百人。经过一周的考试和面试之后，通过电子计算机计分，选出了15位佼佼者。当松下幸之助将录取者一个个过目时，发现有一位成绩特别出色、面试时给他留下深刻印象的年轻人未在15人之列。这位青年叫神田三郎。于是，松下幸之助当即叫人复查考试情况。结果发现，神田三郎的综合成绩名列第一，只因电子计算机出了故障，把分数和名次排错了，导致神田三郎落选。松下立即吩咐手下纠正错误，给神田三郎发放了录用通知书。第二天，松下先生却得到一个惊人的消息：神田三郎因没有被录取而一下自卑起来，觉得自己一无是处，于是跳楼自杀了。录用通知书送到时，他已经死了。

松下知道之后沉默了好长时间，一位助手在旁边自言自语："多可惜，这么一位有才干的青年，我们没有录取他。"

"不"，松下摇摇头说，"幸亏我们公司没有录用他。如此自卑的人是干不成大事的。"

人生并非一帆风顺，因为求职未被录取而拿死亡来解脱自卑的情绪，简直太可惜了。

"成功者"与"普通者"的区别在于：成功者总是充满自信，洋溢活力，而普通人即使腰缠万贯，富甲一方，内心却往往灰暗而脆弱。

成就事业就要有自信，有了自信才能产生勇气、力量和毅力。具备了这些，困难才有可能被战胜，目标才可能达到。但是自信绝非自负，更非痴妄，自信建筑在崇高和自强不息的基础之上才有意义。心中有自信，成功有动力。莎士比亚说过："自信是成功的第一步。"

当你满怀激情踏上人生之路时，请带上自信出发，那么一切都将会改变。

十二也能封相

甘罗是战国时楚国下蔡人，从小聪明过人，是著名的少年政治家。他祖父甘茂，是秦国一位著名的人物，曾担任秦国的左丞相。“将门出虎子”，在他祖父的教导下，甘罗从小就聪明机智，能言善辩，深受家人的喜爱。甘罗小小年纪，就投奔到秦国丞相吕不韦的门下，做他的门客。

有一天，吕不韦回到家里，脸色非常难看，看上去十分恼怒的样子，甘罗见状，就走上前问道：“丞相有什么心事，可以告诉我吗？”吕不韦心里正烦躁得很，见是甘罗，就挥挥手说：“走开，走开，小孩子知道什么。”甘罗却反而自信地高声说道：“丞相收养门客不就是为了能够替你排忧解难吗？现在你有了心事却不告诉我，我即便想要帮忙的话，也没有机会啊！”

吕不韦见他虽小小年纪，但出口不凡，就改变了态度，说：“皇上派刚成君蔡泽到燕国为相，已经三年了，燕王对他很满意。派太子丹到秦国做人质，表示友好。我派张唐到燕国为相，占卦的结果也很吉利，可是他却借故推辞不去。”

事情原来是这样的，张唐是秦国一位大臣，曾率军攻打赵国并占领了大片的土地，赵王对他恨之入骨，声称如果有人杀死张唐，就赏赐给他百里之地。这次出使燕国必须经过赵国，所以张唐推辞不去。甘罗听了，微微笑道：“原来是这样一件小事，丞相何不让我去劝劝他？”吕不韦责备他：“小孩子不要口出狂言，我自己请他他还不去，何况你小小年纪。”甘罗听了不服气地说：“我听说项橐七岁的时候就被孔子尊为老师，我现在比他还大了五岁，您为何不让我试试呢？如果不成功的话，丞相再责备我也不迟！”

吕不韦见他语气坚定、自信十足，心里不由暗自赞赏，于是就改变了态度，放缓了口气说：“好，那你就去试试吧！假若事成，必有重赏。”甘罗见他答应了，也就没多说什么，高高兴兴地走了。

甘罗到了张唐家里，张唐听说是吕不韦的门客来访，连忙出来相见，发现来人不过是个十多岁的小孩子，不由得心生轻视，张口就问道：“你来干什么？”甘罗见他态度傲慢，就激他道：“我给你吊丧来了。”张唐听了大怒：“小孩子怎么能这样说话，我家又没死人，你来吊什么丧？”甘罗笑道：“我可不敢胡说，你且听我讲明原因。你和武安君白起相比，谁的功劳更大？”张唐连忙答道：“武安君英勇善战，南攻强楚，北挫燕赵，攻城略地不计其数，战绩如此显赫，我怎么敢和他相比啊！”“应侯范雎和文信侯相比，谁更专权独断呢？”应侯是秦国以前的一位丞相，文信侯即吕不韦。张唐考虑一下说：“应侯当然不如文信侯专权独断啦！”“你真的知道应侯不如文信侯专权吗？”张唐立即答道：“那当然了。”甘罗听了笑道：“既然如此，那你为何还推辞不去燕国呢？我听说，应侯想攻打赵国的时候，武安君反对他，离开咸阳七里就被应侯派人赐死。像武安君这样的人尚且不能被应侯所容忍，你想文信侯会容忍你吗？”张唐听了这话，吓得直冒冷汗，连忙称谢答应，请他回去禀报丞相。

后来，甘罗又出使赵国，兵不血刃就让赵国献上五座城池。回国后，秦王大加赞赏，封他为上卿（战国时诸侯国最高的官职，相当于丞相）。

在战国这个时代的大舞台上，各种各样的人才层出不穷，甘罗年方十二，就已经敢于凭自己的智慧周旋于王侯之间，并且不费一兵一卒使秦国得到数座城池，官封上卿，实在是令人称奇，其自信的态度也值得自卑之人学习。社会流行论资排辈，但年龄绝不会成为决定你是否成功的根本原因，只要你有自信胜任工作，并能发挥真才实学取得成绩，你也可以获得甘罗一样的年少成名。

年少时来点疯劲

李阳是中国的大名人，还上了2002年的春节联欢晚会，真是风光得很。也许有很多人还不知道，李阳原先也“不过如此”，年轻时那一段段学习英语的往事也曾令他“不堪回首”。

少年时代的李阳是一个很内向的人，“怕生、自卑”。他已经十几岁了，亲戚朋友都不曾关注过他，而且他也害怕与大人们谈学习、聊天。用“丑小鸭”来形容他是最恰当的。比如：只要听到电话一响，他就会躲起来；每次看完电影之后，父亲总是要他复述电影的内容，为了不做这种他不情愿的事情，他宁愿不看自己喜欢的电影。

有这样一个典型的故事：有一次他患了鼻炎，父母送他到医院去治疗。在进行电疗的时候，医生不小心漏电烧伤了他的脸，由于害羞，他忍住痛苦，一直没有告诉别人，至今脸上还有一块小伤疤。

他说，小的时候最害怕的事情就是自己完成不了作业，因此，他经常被老师罚站，每次都让自己很难堪，在同学面前抬不起头来，似乎被人指指点点一样。

李阳多次向父母提出退学，可是父母不同意，他也只能继续坚持下去。值得庆幸的是，他勉强熬到了高中毕业，居然还考上了兰州大学力学系——看来他并不蠢。可就是在大学里，李阳还是浑浑噩噩，没有改变自己的形象。按照学校的规定，旷课70节就要被勒令退学，他很快就超过了100节，他因此差点被兰州大学请出校门。

那么，李阳的英语是不是特别好呢？

不是！谁能相信今天的英语教师，当年曾经是连“万岁的60分”都达不到、常常要补考才能过关的人……

大学二年级的时候，他必须参加全国英语四级考试，否则学位证书就危险了。这次他被逼上了梁山，不得不打起精神，每天早上都要学习英语。他本来是一个懒散惯了的人，如今要集中精力，那可不是一件容易的事情。为了集中精力，他干脆跑到兰州大学校园里的烈士亭，放开喉咙大声背诵起英文来。这一声大喊不要紧，喊出了李阳的灵感：这样不仅不容易思想开小差，效果还非常不错！

他就这样“吼”了几个星期，居然还“吼”出了信心！胆子出来了，他就去了学校的英语角，说出来的英语还居然像模像样的。知道他底细的同学都感到惊奇，急忙向他“请教”高招。李阳此时已经隐隐约约地感到了这可能是一种奇妙的办法，虽然说不出什么，但是他决心继续这样学下去。

从此以后，只要有时间，李阳就像疯子那样在烈士亭等地方大喊大叫，不管是怎样的天气，他都是风雨无阻。有时候，为了增加自己的胆量，他居然穿着特大的46号美国劳工鞋和肥大的裤子，戴着耳环，在兰州大学声嘶力竭地喊叫。

不管别人怎么看他，他就是我行我素。他就这样复述了10多本英文原著，在四级考试中居然考出了个第二的好成绩。最令他恐惧的英语，却给他带来了成功的喜悦，他的疯狂放肆就这样走出了兰州大学，走出甘肃，走向全国……

李阳有句格言："I enjoy losing face!"（我喜欢丢脸！）李阳的成功就是一个带着"疯劲"放下面子的经历。

李阳本来天生内向、自卑，是一种封闭的性格。为了挑战自我，他以英语为媒介，走出了成功的一步。他把自己学习英语的心得体会写成了四十多页的演讲稿，准备拿到演讲场里去。美国社会学家曾经进行的一项调查发现，世界上人们最怕的就是当众讲话。李阳很想突破自我，所以他决心去演讲，面对全校的人，他请同学帮自己把海报贴出去，说有一个叫李阳的人要搞一个英语讲座……

那天晚上，李阳简直"紧张得要吐"（李阳语），可是他还是上台了。他虽然气喘吁吁的，但是终于坚持下来：演讲获得了意想不到的成功！李阳就这样讲出去了，一讲就是几十场，他因此成了校园名人……

虽然当初怕丢脸的李阳曾经彻底地丢掉了面子，但他用现在的成绩换回了尊严：疯狂英语，风靡中国。

年轻的时候不妨有点疯劲，克服自己的自卑、缺陷，尝试超越平凡的自己，试着去完成"不可能的任务"，失败面前，再坚持一下，即使不能如愿，也无怨无悔曾经的峥嵘岁月，总好过白了少年头之后，回忆自己平凡的一生，没有灿烂的闪光点而空悲切。

难度和压力促成明天的能力

一位音乐系的学生走进练习室。在钢琴上，摆着一份全新的乐谱。

"超高难度……"他翻着乐谱，喃喃自语，感觉自己对弹奏钢琴的信心似乎跌到谷底，消弭殆尽。已经三个月了！自从跟了这位新的指导教授之后，不知道为什么教授要以这种方式整人。勉强打起精神，他开始用自己的十指奋战、奋战、奋战……琴音盖住了教室外面教授走来的脚步声。

指导教授是个极其有名的音乐大师。授课的第一天，他给自己的新学生一份乐谱。“试试看吧!”他说。乐谱的难度颇高，学生弹得生涩僵滞、错误百出。“还不成熟，回去好好练习!”教授在下课时，如此叮嘱学生。

学生练习了一个星期，第二周上课时正准备让教授验收，没想到教授又给他一份难度更高的乐谱，“试试看吧!”上星期的课教授也没提。学生再次挣扎于更高难度的技巧挑战。

第三周。更难的乐谱又出现了。同样的情形持续着，学生每次在课堂上都被一份新的乐谱所困扰，然后把它带回去练习，接着再回到课堂上，重新面临更高难度的乐谱，却怎么样都追不上进度，一点也没有因为上周练习而有驾轻就熟的感觉，学生感到越来越不安、沮丧和气馁。

教授走进练习室。学生再也忍不住了，他必须向钢琴大师提出这三个月来何以不断折磨自己的质疑。

教授没开口，他抽出最早的那份乐谱，交给了学生。“弹奏吧!”他以坚定的目光望着学生。

不可思议的事情发生了，连学生自己都惊讶万分，他居然可以将这首曲子弹奏得如此美妙、如此精湛！教授又让学生弹了第二堂课的乐谱，学生依然呈现出超高水准的表现……演奏结束后，学生怔怔地望着老师，说不出话来。

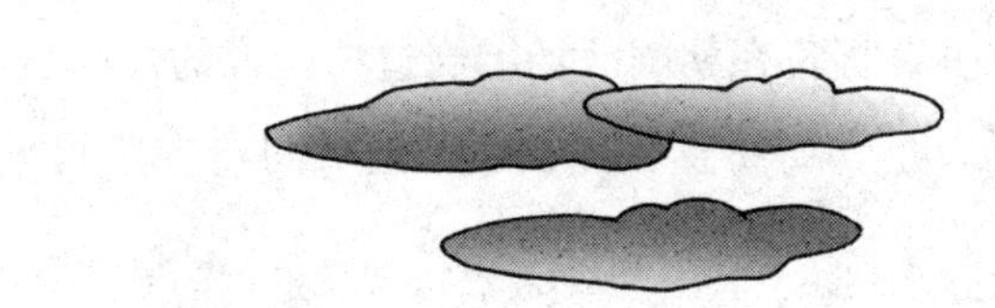

“如果，我任由你表现最擅长的部分，可能你还在练习最早的那份乐谱，就不会有现在这样的程度……”钢琴大师缓缓地说。

很多人在困难和生活

的重压下丢失了自信，放弃了自己的理想，忍受不了通往梦想的荆棘之路，选择了平淡的日子，结果越来越自卑、自弃，浪费了发展自己天赋的机会。为什么我们不能学学那个音乐系的学生，或让他人强迫、或自我强迫着再试一次，再坚持一阵，继续练习下去，最终弹奏出令自己也吃惊异常的乐曲。

丢掉你的顾虑

1986 年，一位中国留学生要去应聘一位著名教授的助教。这是一个难得的机会，收入丰厚，又不影响学习，还能接触到最新科技资讯。但当他赶到报名处时，那里已挤满了人。

经过筛选，取得考试资格的各国学生有 30 多人，成功希望实在渺茫。考试前几天，几位中国留学生使尽浑身解数，打探主考官的情况。几经周折，他们终于弄清内幕——主考官曾在朝鲜战场上当过中国人的俘虏！

中国留学生这下大都死心了，纷纷宣告退出："把时间花在不可能的事上，再愚蠢不过了！"

这位留学生的一个好朋友劝他："算了吧！把精力匀出来，多刷几个盘子，挣点儿学费！"但他没听，而是如期参加了考试。最后，他坐在主考官面前。

主考官考察许久，最后给他一个肯定的答复："OK！就是你了！"接着又微笑着说，"你知道我为什么录取你吗？"

年轻留学生诚实地摇摇头。

"其实你在所有应试者中并不是最好的，但你不像你的那些同学，他们看起来很聪明，其实再愚蠢不过。你们是为我工作，只要能给我当好助手就行了，还扯几十年前的事干什么？我很欣赏你的勇气，这就是我录取你的原因！”

后来，年轻留学生听说，教授当年是做过中国军队的俘虏，但中国兵对他很好，根本没有为难他，他至今还念念不忘。

这个留学生就是后来的吴鹰——UT斯达康公司的中国区总裁，《亚洲之星》评出的最有影响力的50位亚洲人之一。

许多人的脑子太复杂，总爱自作聪明，认为机遇总是属于那些最聪明、最优秀的人，轻易否定自己，结果浪费了机遇，因此，他们往往还没有走到挑战的边缘就从心理上败下阵来。不如想得简单一些，尝试一下再说。也许，好运就在不可能的那一扇门后面。

告诉自己我可以

5年前，斯蒂芬·阿尔法经营的是小本农具买卖。他过着平凡而又体面的生活，但并不理想。他一家的房子太小，也没有钱买他们想要的东西。阿尔法的妻子并没有抱怨，很显然，她只是安于天命而并不幸福。

阿尔法的内心深处变得越来越不满。当他意识到爱妻和他的两个孩子并没有过上好日子的时候，心里就感到深深的刺痛。

但是后来，一切都有了极大的变化。现在，阿尔法有了一所占地2英亩的漂亮新家。他和妻子再也不用担心能否送他们的孩子上一所好的大学了，他的妻子在花钱买衣服的时候也不再有那种犯罪的感觉了。每年夏天，他们全家都去欧洲度假。阿尔法过上了真正的生活。阿尔法说："这一切的发生，是因为我利用了信念的力量。5年前，我听说在底特律有一个经营农具的工作。那时，我们还住在克利夫兰。我决定试试，希望能多挣点钱。我到达底特律的时间是星期天的早晨，但公司与我面谈还得等到星期一。晚饭后，我坐在旅馆里静思默想，突然觉得自己是多么的可憎。'这到底

是为什么！’我问自己，‘失败为什么总属于我呢？’”

阿尔法不知道那天是什么促使他做了这样一件事：他取了一张旅馆的信笺，写下几个他非常熟悉的、在近几年内远远超过他的人的名字。他们取得了更多的权力和工作职责。其中两个原是邻近的农场主，现已搬到更好的边远地区去了；其他两位阿尔法曾经为他们工作过；最后一位则是他的妹夫。

阿尔法问自己：什么是这5位朋友拥有的优势呢？阿尔法把自己的智力与他们作了一个比较，觉得他们并不比自己更聪明；而他们所受的教育，他们的正直，个人习性等，也并不拥有任何优势。终于，阿尔法想到了另一个成功的因素，即主动性。阿尔法不得不承认，他的朋友们在这点上胜他一筹。

当时已快深夜3点钟了，但阿尔法的脑子却还十分清醒。他第一次发现了自己的弱点。他深深地挖掘自己，发现缺少主动性是因为在内心深处，他并不看重自己。

阿尔法坐着度过了残夜，回忆着过去的一切。从记事起，阿尔法便缺乏自信心，他发现过去的自己总是在自寻烦恼，自己总对自己说不行，不行，不行！他总在表现自己的短处，几乎他所做的一切都表现出了这种自我贬值。

终于阿尔法明白了：如果自己都不信任自己的话，那么将没有人信任你！

于是，阿尔法做出了决定：“我一直都是把自己当成一个二等公民，从今后，我再也不这样想了。”

第二天上午，阿尔法仍保持着那种自信心。他暗暗以这次与公司的面谈作为对自己自信心的第一次考验。在这次面谈以前，阿尔法希望自己有勇气提出比原来工资高750甚至1000美元的要求。但经过这次自我反省后，阿尔法认识到了他的自我价值，因而把这个目标提到了3500美元。结果，阿尔法达到了目的。他获得了成功。

在平凡面前，我们不愿意相信自己的潜力，不愿意为了未知的将来而破坏安宁的局面，而选择继续做一个走固定模式的人。我们每个人身上都有无穷的宝藏，用心去发现，树立自信心，下定决心，告诉自己我可以，从现在做起，成功也就离你不远了。

不要在意他人的言论

美国著名女演员索尼亚·斯米茨的童年是在加拿大渥太华郊外的一个奶牛场里度过的。当时她在农场附近的一所小学里读书。有一天她回家后很委屈地哭了，父亲就问原因。她断断续续地说："班里一个女生说我长得很丑，还说我跑步的姿势难看。"

父亲听后，只是微笑，然后开口说道："我能摸得着咱家的天花板。"

正在哭泣的索尼亚听后觉得很惊奇，不知父亲想说什么，就反问："你说什么？"

父亲又重复了一遍："我能摸得着咱家的天花板。"

索尼亚忘记了哭泣，仰头看看天花板：将近 4 米高的天花板，父亲能摸得到？她怎么也不相信。父亲笑笑，得意地说："不信吧？那你也别信那女孩的话，因为有些人说的并不是事实！"就这样，索尼亚明白了，不能太在意别人说什么，要自己拿主意！

她二十四五岁的时候，已是个颇有名气的演员了。有一次，她要去参加一个集会，但经纪人告诉她，因为天气不好，只有很少人参加这次集会，会场的气氛有些冷淡。经纪人的意思是，索尼亚刚出名，应该把时间花在一些大型活动上，以增加名气。但索尼亚坚持要参加这个集会，因为她在报刊上承诺过要去参加："我一定要兑现诺言。"结果，那次雨中集会，因为有了索尼亚的参加，广场上的人越来越多，她的名气和人气因此骤升。

后来，她又自己做主，离开加拿大去美国演戏，从而闻名全球。

人有一个习惯：太在意别人说什么，太容易被别人影响自己。记住一句话：你的人生是你自己的，谁也不能代替你来过活，为什么还要让别人左右你的大脑呢？成功者无一例外，他们喜欢自己拿主意，这并不是一意孤行，而是相信自己，忠于自己。人生路上有太多拐点，很多时候你必须自己拿主意！

不为潮流所动

不为潮流所动是一种精神底色，也是一种做人方法。这要求一个人既要有坚定的自我立场，又要有清晰的做人思路，这样才能有真正“自我”的生活格调，而不会为他人、世事所扰。

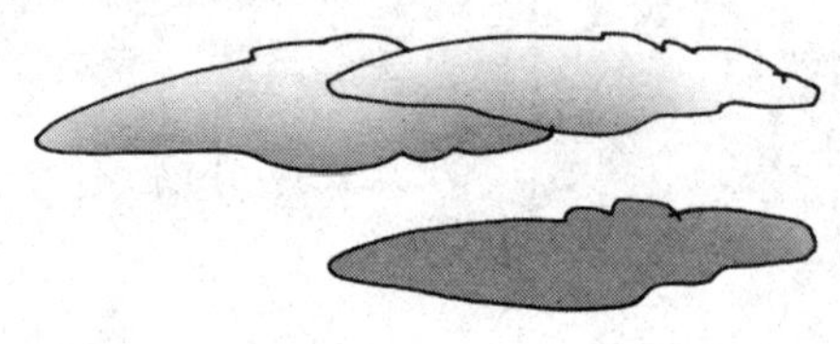

我们的活动——无论是什么性质的活动——总会对周围的人，周围的世界产生一定的影响，也就必然会受到来自周围世界的评论。这些评论可能是褒扬，也可能是非难。但不论是褒扬还是非难，都有理解与不理解、公正与歪曲的成分在。所以，对于这些评论，不能一概地接受，跟着它团团转。

当年高查尔思大佐想兴修巴拿马运河，一时之间人们对这个壮举议论纷纷，毁誉不一，有人夸奖他勇敢坚毅，有人骂他异想天开。但

是他对于这些毁誉一概置之不理，只管埋头苦干。有人问他对于那些批评有何感想，他回答得十分恰当，他说：“目前还是做我的工作要紧，至于那些批评，日后运河自会答复！”运河果然如期筑成了，一时又是人声鼎沸，但现在却是众口一词地争相夸奖他了。他自己如何呢？他会站在第一艘试新船上，在群众的欢呼声中，通过自己亲手完成的水闸吗？他没有那样做。

一位前来参观揭幕典礼的英国外交官，事后写信给朋友说：“大佐并没有乘坐第一艘试新船，他只在克里司特北面看着船开过，后来，我们又在加东湖和米得尔看见他穿着衬衫站在水闸上，观察开关水闸的机器。船过来时，约翰·贝勒特原想对他高呼万岁，但不等他喊到第二声，大佐已经走开了。”

高查尔思大佐这种不为毁誉所扰，不被潮流所动的精神和行为，既是一种高明的做人方法的体现，也是一种在精神境界里独领风骚的智者的本色。跟随潮流你永远只是一枚无足轻重的卒子，只有勇于开创先河，才有可能成为潮流的领头羊。

成为你自己

爱默生曾经说过，当我们真正感到困惑、受伤、甚至痛苦时，我们会从柔弱中产生力量，唤起不可预知的无比威力的愤慨之情。人立命于世，首先要自尊自重，遭到歧视，绝不低头，在强大的势力面前不卑不亢，这样就会赢得别人的敬重。

卡耐基曾询问索凡石油公司的人事室主任肯鲍·迈克，来求职的人常

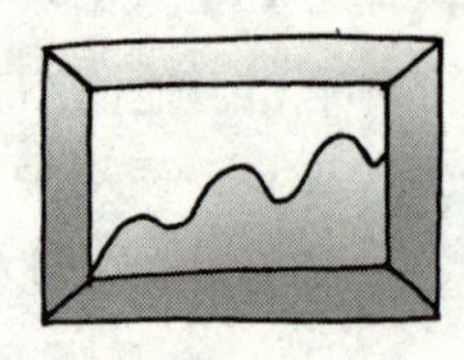

犯的最大错误是什么。他应该知道，因为他曾经和6万多个求职的人交谈过，还写过一本名为《谋职的六种方法》的书。他回答卡耐基："来求职的人所犯的最大错误就是不保持本色。他们不以真面目示人，不能完全的坦诚，却给你一些他以为你想要的回答。可是这个做法一点用都没有，因为没有人要伪君子，也从来没有人愿意收假钞票。"我们每个人的个性、形象、人格都有各不相同的特色，我们完全没有三心二意的必要。在个人成功经验之中，保持自我的本色及用自我创造性去赢得一个新天地，是更有意义的东西。在美国好莱坞尤其流行这种希望能做跟别人不一样的人的想法。

山姆·伍德是好莱坞的最知名导演之一。他说在他启发一些年轻的演员时所碰到的最头痛的问题就是这个：要让他们保持本色。他们都想做二流的拉娜·透纳，或者是三流的克拉克·盖博。"这一套观众已经受够了，"山姆·伍德说，"最安全的做法是：要尽快丢开那些装腔作势的人。"你在这个世界上是个唯一这样的人，应该为这一点而庆幸，应该尽量利用大自然所赋予你的一切。归根结底说起来，所有的艺术都带着一些自传体；你只能唱你自己的歌，你只能画你自己的画，你只能做一个由你的经验、你的环境和你的家庭所造成的你。不论好与坏，你都得自己创造一个自己的花园；不论是好是坏，你都得在生命的交响乐中，演奏自己的乐器；不论是好是坏，你都得在生命的沙漠上数清自己已走过的脚印。"

卓别林开始拍电影的时候，那些电影导演都坚持要卓别林去学当时非常有名的一个德国喜剧演员，可是卓别林直到创造出一套自己的表演方法之后，才开始成名。鲍勃·霍伯也有相同的经验。他多年来一直在演歌舞片，结果毫无成绩，一直到他发展出自己的笑话本事之后，才成名起来。威尔·罗吉斯在一个杂耍团里，不说话光表演抛绳技术，继续了好多年，最后才发现他在讲幽默笑话上有特殊的天分。

金·奥特雷刚出道之时，想要改掉他德州的乡音味，像个城里的绅士，便自称为纽约人，结果大家都在背后耻笑他。后来，他开始弹奏五弦琴，唱他的西部歌曲，开始了他那了不起的演艺生涯，成为全世界在电影和广播两方面最有名的西部歌星。

在每一个人的教育过程中，他一定会在某个时候发现，羡慕是无知的，模仿也就意味着自杀。不论好坏，你都必须保持本色。别人的，哪怕是已经形成潮流的东西，对你来说也是没有用处的。跟随它们只会使自我消失。当然，顺应潮流也许在短期内会有所益处，但从长远看，还是换一种思路做人，不随大流走更有前途。

每个人都是独一无二的，正是这一点，使得世界多姿多彩，而为了他人的一声“你好漂亮”的称赞就去减肥、整形，将自己改变成另一个样子，这是多么不值得啊！太在意别人的看法，就失去了自己的个性，那你只是别人的影子，失去了自己的灵魂；保持自己的本色，还原快乐的自我，而不是压抑自己的个性，才会有更完美的人生。

不要害怕权威

一位著名的数学家到一所著名的大学，给数学系学生上课。数学家一站上讲台，什么话也没说。他先在黑板上写了“2+2=?”这样一个简单的算式，并问这群满怀虔诚心情来听课的学生："谁能告诉我答案?"

这些演算过无数复杂算式的研究生们面面相觑，不知数学家有什么高明之举，大家你看我，我看你，不敢轻易回答。他们想，这一定是一个表面简单，实际深奥无比的算式。这时候从角落里站出一个戴眼镜的学生，同学马上认出了，他就是全班最笨的阿呆。阿呆怯生生地回答："2+2=4呀！"

"哈哈！"阿呆的回答引来满堂哄笑，因为这个答案是幼儿园小朋友也能回答的。可数学家对阿呆的回答非常满意，他严肃地给学生们上了第一课："幼儿园小朋友也能回答的问题，你们这些大学生却不敢回答，你们是被你们自己吓倒的呀！"

人们往往自以为是地把问题或事情想像得过于深奥和复杂，因而畏手畏脚，迫于权威，不敢确定结论，错过了许多机会。勇敢地面对问题，也许新的发现就会来到你的身边。

在一次世界优秀指挥家大赛的决赛中，世界著名的交响乐指挥家小泽征尔也是参赛者。当他按照评委会给的乐谱指挥演奏时，发现了不和谐的音符。开始他以为是乐队演奏出了错误，就停下来重新指挥，但一到这里还是不对。他觉得是乐谱有问题。这时，在场的名作曲家和评委会的权威人士都坚决地说乐谱绝对没有问题，是小泽征尔错了。

面对众多音乐大师和权威人士，小泽征尔经过再三思考，最后斩钉截铁地大声说："不！一定是乐谱错了！"话音刚落，音乐大师和评委席上的评委们都报以热烈的掌声，祝贺他大赛夺魁。

原来，这是评委们精心设计的“圈套”，目的是以此来考验指挥家在遭到权威人士“否定”的情况下，能否坚持自己的正确主张。前面参加比赛的选手们也发现了错误，但最终因随声附和权威们的意见而被淘汰。小泽征尔却因为勇敢地说出了“不”而摘取了世界指挥家大赛的桂冠。

太过于迷信权威，太过于顾及权威的想法，你会失去自我。在各个领域做出突出贡献的人，都是敢于对权威说“不”的人，因为如果一个人不敢质疑权威，那么他也就难以攀登自己所从事行业的巅峰。

再加一枚钉子

在苏格兰一个小镇上，一位年迈的鞋匠决定把补鞋这门本事传给三个年轻人。在老鞋匠的悉心教导下，三个年轻人进步很快。当他们学艺已精，准备去闯荡时，老鞋匠只嘱咐了一句：“千万记住，补鞋底只能用四枚钉子。”三个年轻人似懂非懂地点了点头，踏上了征途。

过了数月，三个年轻人来到了一座大城市各自安家落户，从此，这座城市就有了三个年轻的鞋匠。同一行业必然有竞争，但由于三个年轻人的技艺都不相上下，日子倒也过得风平浪静。

过了些日子后，第一个鞋匠就对老鞋匠那句话感到苦恼。因为他每次用四枚钉子总不能使鞋底完全修复，可师命不敢违，于是他整天冥思苦想，但无论怎样想他都认为办不到。终于，他不能解脱烦恼，扛着锄头回家种田去了。

第二个鞋匠也为四枚钉子苦恼过，可他发现，用四枚钉子补好鞋底

后，坏鞋的人总要来第二次才能修好，结果来修鞋的人总要付出双倍的钱。第二个鞋匠为此暗喜着，他自认为懂得了老鞋匠最后一句话的真谛。

第三个鞋匠也同样发现了这个秘密，在苦恼过后他发现，其实只要多钉一枚钉子就能一次把鞋补好。第三个鞋匠想了一夜，决定加上那一颗钉子，他认为这样能节省顾客的时间和金钱，更重要的是他自己也会安心。

又过了数月，人们渐渐发现了两个鞋匠的不同。于是第二个鞋匠的铺面里越来越冷清，而去第三个鞋匠那儿补鞋的人越来越多。最终，第二个鞋匠的铺子被迫关门了。

日子一天天过去，第三个鞋匠依然和从前一样兢兢业业地为这个城市的居民服务。当他日渐老去时，他开始真正懂得了老鞋匠那句嘱咐的含义：要创新，但不能有贪念，否则必会被社会淘汰。

前人的成果是他经验的总结，环境变了，条件变了，如果你应用起来不太合适，那就按照自己的需要去修改，而不是被它束缚了手脚，不敢越雷池一步。只有敢于打破常规，突破前人定律，敢于创新，才有发展的前景，墨守陈规最终只会被时代大潮淹没，百年老字号也不只是传承先人智慧，而是靠一代代追求百尺竿头更进一步走过来的。

实现自己的预言

1910年，28岁的他观看一场飞行表演，对飞机产生了强烈的兴趣。通过仔细观察研究，他确信可以将飞机改造成经济适用的交通工具。当时，飞机只处于启蒙时期，只是少数人驾乘用以娱乐，是一种昂贵消费。

科学界对他的“发展航空事业”嗤之以鼻，因为他只是一个从耶鲁大学中途辍学的木材商人。

他坚信自己的想法，开始造飞机。10年后，他觉得替美国邮政部门运送邮件将是一门赚钱的生意，就决定参加“芝加哥－旧金山邮件路线”的投标。他把运输价格压得不能再低，许多专家认为他的公司必垮无疑，邮政当局也怀疑他能否撑得下去，要求他交纳保证金。然而，人们忽略了一个简单的“漏洞”——飞机越轻，所载的货就越多。这是获得效益的根本途径。他着力减轻飞机的重量，不出所料，邮件运送业务开始获利，很快，他从运送邮件发展到载运乘客。

第一次世界大战后，航空业空前萎靡。他的公司停产了。他转为制作家具以维持生计，同时供养着飞机公司的几个主要工程师，继续进行研发工作。很多人认为他太狂热，不切实际，而他深信航空业终究会柳暗花明。他说：“我可以预见未来……”

他就是这样我行我素。今天，这个自以为是的人创立的飞机制造公司已成为全世界闻名的企业，他便是闻名全球的波音公司的创始人——威廉·波音。

威廉·波音办公室的门上有一句座右铭：“除了事实之外，再也没有权威，而事实来自正确的认知，预见只能由认知而来。”如果你认定的目标来源于正确的认知，那就坚持住，不要屈服于外界的任何嘲讽与压力，终有一天，事实会证明你是对的。

第五章 RENSHENGJINGYAN

人生最大的勇气是认错

人生需要勇气，勇气不是跟人打架、斗殴，也不是跟人家争执、计较，最大的勇气是自我认错。索尼创始人盛田昭夫曾说过，坦率承认过错所体现的不仅仅是一种勇气，而且是一种强烈的信心。当人们发现你连最悲惨的事实都坦承不讳时，他们自然会相信此后你所做出的任何承诺。错误不可怕，公关危机也非世界末日，但倘连错误也不肯坦承、不敢面对，那就只能是错上加错，咎由自取了。

知过不改，罪莫大焉

佛教非常注重“认错”的美德，所谓“不怕念头起，只怕觉照迟”，“放下屠刀，立地成佛”。人，不怕犯错，就怕没有认错的勇气。勇于认错的人，大多容易进步；而死不认错的人，只在原地踏步，甚至走向堕落，殊为可叹！

有一位名人曾经说过：“人们敢于在大众面前坚持真理，但往往缺乏勇气在大众面前承认错误。”有些人一旦犯了错误，总是列出一万个理由来推脱自己的错误，这无非是“面子”在作怪，他们以为一旦承认自己的错误，就伤了自尊，丢了个人面子。这种想法，无异于在制造更多的错误，来遮掩第一个错误，真可谓错上加错。

刘兵是一家建筑公司的工程估价部主任，专门估算各项工程所需的价款。有一

次，他的一项结算被一个核算员发现估算错了 2 万元。老板便把他找来，指出他算错的地方，请他拿回去更正，并希望他以后在工作中细心一点。

刘兵不肯认错，也不愿接受批评，反而大发雷霆。他责怪那个核算员没有权力复核他的估算，没有权力越级报告。

老板见他既不肯接受批评，又认识不到自己的错误，本想发作一番，但念他平时工作成绩不错，便和蔼地对他说："这次就算了，以后要注意。"

过了一段时间以后，刘兵又有一个估算项目被那名核算员查出错误，这次他又像上次那样态度恶劣，并且还说是那名核算员有意跟他过不去，故意找他的岔子。等他请别的专家重新核算了一下，才发现自己确实错了。

这时老板已经忍无可忍了："你现在就另谋高就吧。我不能让一个永远都不知承认自己错误的人来损害公司的利益。"

一个人对待错误的态度可以直接反映出他的敬业精神和道德品行，敢于承认错误可以使人更伟大，而不肯认错的人则迟早要被公司清除出去。

工作中，"最大的失败，就是明知自己错了却不肯承认错"。如果你认识不到这一点，那你只能在失败的泥潭里越陷越深。

勇于认错是智者之举

语云："人非圣贤，孰能无过；知过能改，善莫大焉。"勇于认错，此乃智者之举；不肯认错者，终将失去进取的机会，殊为可惜。

华盛顿是美国的"国父"，他靠自己过人的才能、高尚的情操和领袖的风范，赢得了所有人的尊敬。而他那充满传奇色彩的成功之路，正是从弗吉尼亚一个普通的农庄开始的。

有一天，父亲送给了华盛顿一把小斧头。斧头是崭新的，小巧而又锋利。华盛顿非常高兴，在手里把弄着，寻找可以砍的东西，不一会儿，院子里的杂草已经东倒西歪了。父亲见他高兴的样子，就让他把杂树也砍了，正好清理一下院子，并嘱咐他不要砍伤自己，然后就出去了。华盛顿有了父亲的指点，挥动斧头，很快就把杂树砍完了。他意犹未尽地四处搜寻，看到了父亲亲手栽种的樱桃树。他心里想，父亲用大斧头能砍倒大树，我的小斧头能不能砍倒小树呢？他一时兴起，就跑到樱桃树下，几下子就把一棵树砍倒了。看着好端端的樱桃树倒在了地上，华盛顿才冷静下来，意识到自己犯了一个不可饶恕的过错，赶紧躲到屋子里去了。

不一会儿，父亲回来了，看到自己精心培育的樱桃树倒在地上，非常生气。他气冲冲地问道："是谁砍倒了我的樱桃树？"家里人听到父亲在怒吼，纷纷跑了出来，表示不是自己砍的。华盛顿想起父母的教导："不要怕承认错误，要做一个诚实的人"。于是他跑到父亲身边，说道："爸爸，是我砍倒你的樱桃树，我想试一下小斧头快不快。"

华盛顿以为父亲一定会严厉批评自己，没想到父亲听了他的话，不仅没有打他，还一下把他抱起来，哈哈大笑，高兴地说："我的好孩子，爸爸宁愿损失一千棵樱桃树，也不愿你说一句谎话。"

华盛顿的诚实和敢作敢当的性格，在这个质朴的家庭里得到进一步的锤炼。他受到的这一诚实教育，使他成为一个质朴无华、大智天成、理想高远的人，进而成为美利坚的缔造者。

人的一生不可能永不犯错，有时候错误只是自己的一时疏忽所造成，并不构成太大的得失；但如果不认错，难免会继续制造错误来掩盖错误，以致最终结果不可收拾。所以一个人的际遇安危、成败得失，往往和自己能否“认错”有着十分密切的关系。中国历史上有名的“将相和”故事中，赵国名相蔺相如能够“相忍为国”，固然赢得后人尊敬；但廉颇勇于认错，登门“负荆请罪”，同样流芳千古。

承认错误，需要勇气；能够勇于认错，才有机会重新做人。西晋时代的周处，少时横行乡里，成为父老口中的“三害”之一。后来他发愤认错改过，不但为地方除害，而且从军报国，完全改写了自己的人生，成为悔过向善的典范。可见一个人惟有“勇于认错”，才能获得大家的谅解，才有重新出发的机会。

“认错”没有大小之分，是否真心能改，就在于我们是否具有“勇气”。历代“下诏罪己”的帝王，反而更增贤名；美国总统罗斯福在纽约市长任内，曾经当众坦承自己因一时不察通过议案，结果赢得更多人的尊敬；统一全印度的阿育王向一个小沙弥赔罪，自古以来，没有人耻笑阿育王以九五之尊礼拜道歉，反而同声赞美他“勇于认错”的美德。所以，“认错”不但不会失去自己的身份，反而能赢得更多的尊重。反看一些丧心病狂的战争狂人，往往死不认错，最终成了大输家而抱憾终身。认错，实在是一门很高的人生哲学，值得世人深思。

承担责任，敢于认错

金无足赤，人无完人。人生在世没有人会不犯错误，有的人甚至还一错再错。既然错误无法避免，那么可怕的不是错误本身，而是怕错上加错、不敢承担责任。

发现错误的时候，不要采取消极的逃避态度，而是应该想一想自己怎样做才能最大程度地弥补过错。只要你能以正确的态度对待它，勇于承担责任，错误不仅不会成为你发展的障碍，反而会成为你向前的推动器，促使你不断地、更快地成长。任何事情都有它的两面性，错误也不例外，关键就在于你从什么样的角度去看待它，以怎样的态度去处理它。

李铭是某化工厂的财务人员。一天，他在做工资表时，给一个请病假的员工定了个全薪，忘了扣除其请假那几天的工资。于是李铭找到这名员工，告诉他下个月要把多给的钱扣除。但是这名员工说自己手头正紧，请求分期扣除，但这么做的话，李铭就必须得请示老板。

李铭认为，老板知道这件事后一定会非常不高兴的，但李铭认为这混乱的局面都是因自己造成的，他必须负起这个责任，于是他决定去老板那儿认错。

当李铭走进老板的办公室，告诉他自己犯的错误后，没想到老板竟然说这不是他的责任，而是人事部门的错误。李铭强调这是他的错误，老板又指责这是会计部门的疏忽。当李铭再次认错时，老板看着李铭说："好样的，你能在做错事情的时候主动承认，不推到别人的身上，这种勇气和决心很好。好了，现在你去把这个问题解决掉吧。"事情就这样解决了。

从那以后，老板更加器重李铭了。

如果只是顾全面子，不敢承担责任的话，那最后吃亏的只能是你自己。假如你犯了错且知道免不了要承担责任，抢先一步承认自己的错误，不失为最好的方法。自己谴责自己总比让别人骂好受得多。如果勇于承认错误，并把责备的话说出来，十有八九会宽大处理。作为一个平凡的人，在办事过程中难免会犯一些错误。虽然有些人认识到了自己的错误，但没有勇气承认，或把犯错的理由归结于别的因素。在他们看来承认错误就意味着要受到责罚，却不知道领导则认为沉默和狡辩的托辞意味着逃脱责任。

小彭在一家工厂任技术员。经过几年的实践锻炼，在老同志的帮助下小彭取得了一定的成绩，并且被提拔成车间副主任，负责车间的生产技术工作。

有一次，车间的生产线发生了一些问题，产品质量也受到了影响。他看过之后，便立即断言是原料的配比不合适，认为在投放新的一家企业提供的原材料后，原有的配比必须改变。但调整之后，情况仍不见好转。此时，另一位技术人员提出了不同的见解，认为问题的症结并不是新的原料或原料配比不合适，而在于设备本身的问题。对此，小彭从内心觉得技术员的看法很合理，但是，他觉得自己是负责全车间技术与工艺的领导，如今自己的判断出现了失误，就必须承担一定的责任。

为了避免承担责任，小彭一方面继续坚持自己的看法，另一方面也布置专人对设备进行必要的维修和调整。但是由于贻误了时机，问题最终还是爆发了，给公司造成了巨大损失。小彭在羞愧之中提出辞职。

有很多人对工作中出现的一些小问题不愿深究，他们的观点是：如果我所犯的错误性质十分严重，我一定会承认的；如果是芝麻大的一点小错，那么根本没必要认真计较。如果你也是这样看待错误的，那就大错特错了。工作无小事，更无小错，百分之一的错误往往就会带来百分之百的失败。

面对犯错的最佳对策便是自己的责任就要全力承担，一定不能推卸，要诚恳地承认错误，并积极地寻求补救的办法。如果不是由于自己的过失造成的，也不要急于替自己辩白，应首先着眼于公司的利益，等事情得到了妥善处理，事情的真相自然会浮出水面。如果你确实被误会了，你的同事和上司也会在事实中看到，还你一个清白。你一定要相信，只有敢于承担责任的人，才有可能做成大事。

人的一生所可能犯的最大错误，是因为怕犯错而不敢尝试。有的人成功了，只因为他们敢于承担责任并吸取教训。遇到问题不要畏惧，要勇敢地去面对，只有抱有这种想法的人才不会永远与失败相伴。

坦诚认错，挽回形象

一个人做事不可能一辈子一帆风顺，就算没有大失败，也会有小失败。而每个人面对失败的态度也都不一样，有些人不把失败当一回事，他们认为“胜败乃兵家之常事”；也有人拼命为自己的失败找借口，告诉自己，也告诉别人：这次的失败是因为别人扯了后腿、家人不帮忙，或是身体不好、不景气等。总之，他们可以找出一大堆的借口。

一个人做错了一件事，最好的办法就是老老实实认错，而不是去为自己辩护和开脱。日本最著名的首相伊藤博文的人生座右铭就是“永不向人讲‘因为’”。这是一种做人的美德，也是一个为人处世、办事做事的最高深的学问。

一个人犯了错误并不可怕，怕的是不承认错误，不弥补错误。

有一个毕业于名牌大学的工程师，有学识，有经验，但犯错后总是自我辩解。工程师应聘到一家工厂时，厂长对他很信赖，事事让他放手去干。结果，却发生了多次失败，而每次失败工程师都有一条或数条理由为自己辩解，说得头头是道。因为厂长并不懂技术，常被工程师驳得无言以对，理屈词穷。厂长看到工程师不肯承认自己的错误，反而推脱责任，心里很是恼火，只好让工程师卷铺盖走人。

这种人正是认为错误有失自尊，面子上过不去而害怕承担，但最终却受到惩罚。日本著名企业家松下幸之助说:" 偶尔犯了错误无可厚非，但从处理错误的态度上，我们可以看清楚一个人。" 那些能够正确认识自己的错误，并及时改正错误以补救的人才能受到他人的尊敬。勇于承认错误，你给人的印象不但不会受到损失，反而会使人更加信任你，你在周围人心中的形象反而会高大起来。

事实就是这样，每个人一生不可能不犯错。我们不怕犯错，不怕认错，怕的是认错不当而错上加错。当你错了，就要迅速而坦诚地承认。

当然，认错要选择合适的时机、对象和方式，不是怎么方便怎么来。

一般来说越快认错越好。认错要用最能传递真诚的方式，不是用你喜欢的方式。

纽约《太阳时报》主笔丹诺先生在读稿时，常常喜欢把自己认为重要的几段用红笔勾出，以提醒排校人员“切勿将它遗漏”。

但是有一天，一位年轻校对员偶然读到一段文字，也是被人用红笔勾出的，上面大致是说：“本报读者雷维特先生送给我们一个很大的苹果，在那通红美丽的皮上露出一排白色的字，仔细一看，原来是我们主笔的名字。这真是一个人工栽培的奇迹！试想，一个完整无缺的苹果皮上，怎样会露出这样整齐光泽的字迹来呢？我们在惊奇之余，多方猜测，始终不明白这些奇迹是怎样出现在苹果上的。”

那个年轻的校对员是一个常识丰富的人，他读了这段文字不禁好笑起来。因为他知道这些苹果皮上的字迹，只要趁苹果还呈青色时，用纸剪成字形贴在上面，等苹果发育变红时，将纸揭去就成功了，这根本是个小朋友的恶作剧而已。

所以，这位年轻的校对员心想，这段文字如果登了出来，必将被人讥笑，说他们的主笔竟会愚笨至此，连这样一点小“魔术”也会“多方猜测，始终不明……”因此，他便大胆地将这段文字删掉了。

第二天一早，主笔丹诺先生看了报纸，立刻气呼呼地走来，向他问道：“昨天原稿中有一篇我用红笔勾出的关于奇异苹果的文章，为何不见登出？”

那位校对员诚恳惶恐地把他的理由说明后，丹诺先生立刻十分诚挚和蔼地说：“原来如此！是我错了，我向你道歉，你做得十分正确，以后只要有确切可靠的理由，即使我已用红笔勾出，你仍不妨自行取舍。”

很多时候，坦然承认自己的错误，不仅能产生惊人的效果，而且在任何情况下，都比为自己争辩有用得多。

负荆请罪，力挽狂澜

一个人不可能永远不犯错，关键是犯了错一定要勇于承认，你真诚地去请罪，别人常常比较容易原谅你。

人再聪明，考虑事情也会有不周的时候，有时出于情绪的影响，也会无可避免地犯错。但犯错并不可怕，只是知错之后怎样去对待自己的过失才是关键。有的时候你爱面子，而想方设法地去掩盖自己所犯下的错误，这样的结果很可能是别人对你失去了信心。

李嘉诚当年在生产塑胶花时，由于急功冒进，忽视了产品质量，从而导致产品堆积如山，根本没人买。他深为自己的盲目冒进而痛心疾首，经过一番痛苦的思索之后，决心以坦诚面

对现实，力挽狂澜。

李嘉诚采取的第一个步骤是“负荆请罪”。

那天清晨，他回到厂里时，工厂仍然处于愁云惨雾之中，他立即召集员工开会，坦诚地承认了自己的经营错误，承认是自己的失误拖垮了工厂，损害了工厂的信誉，还连累了员工。

李嘉诚向这些天被他无端训斥的员工赔礼道歉，并真诚地表示，待经营状况一有转机，被辞退的员工如果愿意，都可以回来上班。从今以后，自己保证与员工同舟共济，绝不以损害员工的利益来保全自己，并希望大家原谅自己，齐心协力共渡难关。

李嘉诚的话收到了一定效果。大家不再忧心忡忡，忐忑不安，士气也不再那么低落。

紧接着，他一一拜访银行、原料商、客户，向他们认错道歉，祈求原谅，并保证在放宽的限期内一定偿还欠款，对该赔偿的罚款，一定如数付账。

李嘉诚诚实的道歉得到他们中的大多数人的谅解，他们都是业务伙伴，长江塑胶厂倒闭，对他们同样不利。

后来长江塑胶厂出现转机，产销渐入佳境。

那次风波过后，李嘉诚一直感到后怕。他想，如果当初他凭着年轻气盛死不认错的话，也许就从此没有再站起来的机会了。

其实不仅是年轻人，所有的人犯了错，一般都会有两种可能的反应：一种是死不认错，而且还极力辩白，这是可以理解的，因为这是人求生存的本能，怕认了饭碗就保不住；另一种反应是坦白认错。

第一种反应的好处是不用承担错误的后果，就算要承担，也因为把其他人也拖下水而分散了责任，这就是为什么有人证据明明摆在眼前，还死不认错的原因。此外，如果躲得过，也可避免别人对你的形象及能力的怀疑。可是，李嘉诚并不认为死不认错是上策，因为死不认错的坏处比好处多得多。

姑且不论犯错所需承担的责任，不认错和狡辩对自己的形象就具有很大的破坏性，因为不管你口才如何好，有多么狡猾，你的逃避错误换得的必是“敢做不敢当”之类的评语！这以后，人们不敢信任你，别的企业也会拒绝和你合作。而最重要的是，不敢承认错误会成为一种习惯，使自己丧失面对错误、解决问题和培养解决问题能力的机会。所以，不认错的弊大于利。

那么诚实认错呢？有的人可能会说，诚实认错，那不是要立即付出代价、独吞苦果吗？有时候碰到没有肚量的人，的确会如此，但绝大多数的人都会“高抬贵手”，人家都认错了，那就“得饶人处且饶人”吧！而且在心理上，你认错，对方受到尊重，更容易放你一马。由此可见，坦诚认错的后果并不如想像中那么严重。

诚实认错还有间接的好处，例如：

（1）为自己塑造了“勇于承担”的形象。人们会欣赏、接受你的作为，因为你把责任扛了下来，不委过于他人，他们感到放心，自然尊敬你，也乐于跟你合作，更乐于替你传播你的形象。

（2）可借此磨炼自己面对错误的勇气和解决错误的能力。因为你不可能一辈子做事零缺点，趁早培养这种能力，对你的未来大有好处。

（3）你的认错如果真的招来对方的责骂，那么正可塑造你的弱者形象，弱者往往引人同情，也能引来助力，你会因此而获得不少人心。而且大部分的人在骂过之后，都会不忍心，就算要处罚你，也不会下手太重。人同此心，心同此理！

所以，认识到错误，不妨坦诚承认，大方的风度会给人留下好的印象；而死不认错，只会让他人看低你的人品，离你远远。

真诚认错，人格更伟大

列宁8岁的时候，有一天到姑妈家做客，在和表兄妹们做游戏时不小心打碎了一只花瓶。因为当时没有人看见，当姑妈问是谁打碎的时候，列宁和其他的孩子一样说："不是我。"但是，列宁的母亲玛丽亚·亚历山大罗夫娜从他的表情上看出花瓶是他打碎的。这位母亲知道，自己必须想个办法让孩子承认错误。当然，最简单的办法是直接揭穿这个"骗局"，并当面惩罚他，但这位明智的母亲没有这样做，她知道最重要的不是惩罚，而是教育儿子在犯错误后勇于承认错误，做一个诚实的好孩子。

母亲知道列宁是十分好强的孩子，粗暴的训斥肯定会挫伤他的自尊心，空洞的说教对他来说也无济于事，只有提供充分的时间让他进行自我道德评价，在内心深处萌生出羞愧感，让他自己去纠正自己的谎言。于是，她装出相信列宁的样子，在三个月内一直没有提起这件事，而是给他讲各种各样的勇敢认错的美德故事。在这段时间里，母亲明显感觉到列宁不像以前活泼了，似乎在受着良心上的煎熬。

一天临睡前，母亲又像平时那样，一边抚摸着列宁的头，一边给他讲故事。忽然，列宁失声痛哭起来，哽咽着对母亲说："我欺骗了姑妈，那个花瓶是我打碎的。"母亲听了非常欣慰，笑着安慰道："你是个诚实的好孩子，给姑妈写封信，向她承认错误，相信她一定会原谅你的。"列宁马上起床，给姑妈写了一封道歉信。

人没有完美无缺的，因此，有时难免会犯错误。人的一生就是在不断地犯错误、不断地改正错误的过程中度过的。每个人对待错误的态度都不一样，有些人不仅不承认错误，还要找一大堆理由为自己开脱，想隐瞒错误，结果却只会犯更大的错误。有些人则敢于面对错误、承认错误、改正错误，反而会让人理解和尊重。

林先生做老师的时候，学校对他的教学工作颇有微辞。一位和他相识的教授曾说了一些对他轻蔑的话，这些话传到他耳里，他也只能忍气吞声，但从此对这位教授没有好感。后来有一天他接到这位教授的来信。那时教授已离开了学校，调到某新闻部门从事编辑工作。教授来信说，以前错估了他，希望得到原谅。此时，林先生对这位教授的各种敌意便立刻烟消云散了，且极其感动，马上回信并表示敬意。从此，他们便成了好朋友。

这件事使我们了解到承认自己的错误不但可以弥补破裂的关系，而且可以增进感情。但要有勇气承认自己的错误也不是一件容易的事情。每个人都有自己的自尊心和荣誉感，如果你肯主动承认自己的错误，这不仅仅可以满足对方强烈的自尊心，而且也会为自己品格的高尚而感到快乐。

切记承认自己的错误不是耻辱，而且是真挚和诚恳的表现。其实，你又不等于你的错误，承认你的错误，更显示出你人格的伟大。凡是伟大的人都有认错的时候。认错时一定出于真诚，不要虚情假意。真诚不等于奴颜婢膝，不必低三下四，要堂堂正正，承认错误是希望纠正错误，这本身是值得尊敬的事情。假如你没有错，就不要为了息事宁人而认错，否则，这是没有骨气的做法，对任何人都无好处。譬如你是一位主管，辞退了某位不称职的部属，你会觉得很遗憾，但用不着认错。

人非圣贤，孰能无过。扪心自问，你是否说过伤人的话，做过损害别人的事，答案是肯定的，但关键是坦率地承认自己的错误会使你心胸坦荡，这将是使你踏向更坚强的自我形象，增进你更好的工作表现的第一步。早在2000年前古希腊的哲学家留基伯与德谟克利特，就从自己错与别人错的比较中，明确地指出："谴责自己的过错比谴责别人的过错好。"最笨的人才会找借口掩饰自己的错误。

年轻的朋友们，假如你发现了自己的错误，你就应尽快地承认，这不仅丝毫不会有损于你的尊严，反而会提升你的品格魅力。

不找任何借口

美国西点军校建校以来奉行的最重要的行为准则就是"没有任何借口"。它要求每一位学员必须尽全力去完成任何一项任务，而不是因为没有完成任务而去寻找任何借口，哪怕是看似合理的借口。

人生在世，孰能无过。从你出生时起，你就在与周围的世界产生积极的互动。环境对你产生影响，但是你往往更会对周围的事物产生影响。你能够在众多选择中作出自己的决定，这就是所谓"自由意志"。这说明你拥有主宰自身行为的能力，因而完全能够对周围的环境产生影响。

所以，你就应该为自己的行为负责。你作出决定，就理应承受相应的责

备与赞扬。如果你真的有责任，就应该接受别人的责备。如果你辜负了同事的信任，继而若无其事地对他们撒谎，你们之间的关系就会遭到毁灭性的破坏。为了免受应得的责备，有些人会掩盖真相、敷衍搪塞、编造借口、无中生有、言不对题或者真真假假，闪烁其词。这些欺骗伎俩并非总能奏效，但是其目的却已昭然若揭：不过是想方设法逃避谴责与惩罚罢了。

承认“我错了”意义非常重大。因为人人都难免犯错，所以大多数人都能原谅别人的过失。勇于承认自己的错误可以提高一个人的信誉，并且有助于自我完善。

汉代公孙弘年轻时家贫，后来贵为丞相，但生活依然十分俭朴，吃饭只有一个荤菜，睡觉只盖普通棉被。为此，大臣汲黯向汉武帝参了一本，批评公孙弘使诈，目的是为了骗取俭朴清廉的美名。

汉武帝便问公孙弘此事是否属实，公孙弘回答：“汲黯说得一点没错。满朝大臣中，他与我交情最好，也最了解我。今天他当着众人的面指责我，正是切中了我的要害。我位列三公而只盖棉被，生活水准和普通百姓一样，确实是故意装得清廉以沽名钓誉。如果不是汲黯忠心耿耿，陛下怎会听到对我的这种批评呢？”

汉武帝听了公孙弘的这番话，反倒觉得他为人谦让，就更加尊重他了。

对待过失，我们每个人都应该有正确的态度，最好是从中积累经验教训，争取以后不再犯类似的过失，同时，勇敢面对过失的心态对人生会产生积极的影响。

美国成功学家格兰特纳说过这样一段话：如果你有自己系鞋带的能力，你就有上天摘星星的机会！一个人对待生活、工作的态度是决定他能否做好事情的关键。很多人在生活中寻找各种各样的借口来为自己的错误开脱，并养成习惯，这是很危险的。

要勇于承认错误，如果你违反了单位纪律、工作规则，就应对自己的过失负责，应深知承认错误并非羞耻之事；相反，被人揭穿了仍死不承认，才是不明智的。谁都会在工作上有一些失误，关键是你的态度。如果只会一味地抱怨别人，不从自己的身上找缺点，就会引起同事的不满，下次合作的时候就不会很融洽。在工作中一旦被孤立起来，找不到志同道合的合作者，你就离辞职不远了。很多有远见的人懂得在恰当的时机下勇于承认错误，愿意承担责任，这样的人会博得同事的同情、理解甚至尊敬。拥有良好的人际关系，下一次做事的时候就不会身陷孤立。

第六章 RENSHENGJINGYAN

人生最大的失败是自大

自大之人，多是无礼狂傲之人；无礼狂傲之人，多是最终失败之人。这是被无数事实证明了的客观规律。纵观历史，只有虚心谨慎、求真务实的人，才能在事业上有所成就。人生在世，总是谦虚一些、谨慎一些，多一点自知之明为好。人们常说“天不言自高，地不言自厚”。自己有无本事，本事有多大，别人都看得见，自高自大只会引来讪笑。所以，我们的行动准则，应是戒骄忌满，为人不可狂妄自大。

夸夸其谈只会让人厌恶

有些人自以为有点才能，就四处吹嘘，好让人觉得他是个天才。有些人，发了点小财，就到处夸耀，好像自己是比尔·盖茨。还有些人，做了点小事，就觉得劳苦功高，四处张扬。殊不知这样的人是最讨人嫌的。喜欢吹嘘的人往往是那些没有什么真才实学的人，到处吹嘘都是虚荣心在作怪。

一个人越是吹嘘，就越容易使人们对他所说的话的真实性产生怀疑。夸夸其谈，只能暴露自己学识欠缺，品味不高，不会让人们觉得你更有魅力；即使你真的有才华有能力，经常吹嘘也会降低人们对你的好感。

古罗马时代有个英雄叫马尔西斯，人们封他为“战神”，因为在公元前5世纪前半叶，他率领部队奋勇杀敌，屡次使罗马城免遭屠戮。由于他经常驰骋在外地的战场上，罗马的人们都没有见过他，这使得他成为谜一般的传奇人物。

公元前454年，马尔西斯打算告别军旅生涯，参加竞选角逐最高层的执政官，从而进入政界。按照规定，所有候选人都必须在公众投票前发表公开演讲，向人们展示他自己的风范。在演讲会的讲台上，马尔西斯什么也没有说，只是脱下身上的衣服。人们看到了他身上的赫赫伤痕，想到他的赫赫战功，全都感动得泪如雨下，几乎每个人都认定他会当选。

然而，在投票的前一天，马尔西斯在公众场合与公众见面，但是他只与那些陪同他来的高层官员和富有市民说话，而且一味地吹嘘自己的功绩。人们终于认清了他的本来面目：所谓的英雄只不过是个喜欢吹嘘自己的人而已。于是，第二天，大多数人都没有投他的票，马尔西斯自然也就落选了。

中国古代有一位将军，他在大军撤退时总是断后。回到京城，别人都赞扬他退却在后、舍生忘死的精神。将军却说："并非吾勇，马不进也。"

两个故事形成了鲜明的对比，同样是立功的将军，对待自己的功劳却有截然不同的态度。马尔西斯吹嘘自己曾经在战场上的功绩，就是想让人们知道他有多勇敢多伟大，他为国家做过这么重要的贡献。结果却适得其反，人们对他的装腔作势很反感，他把自己说得越神勇，人们对他的失望也就越多。吹嘘者自以为能赢得公众的好评，结果却毁掉了自己在人们心中的形象。

中国古代的那个将军，他谦逊地把断后的功绩推掉，认为不是自己勇敢，而是因为马不行进，使得自己不得不退却在后。他这样做反倒更加赢得人们的赞誉。那些谦虚的人对自己的优点不以为然，他们之所以这样做，不是想占什么便宜，而是不愿夸耀自己的功绩。越是这样，这些人就越会得到最大的荣誉。

吹嘘自己的人，常想满足自己被人羡慕受人恭维的快感。当人们发现言过其实的时候，常常会觉得他们原来的期待受到了愚弄，于是，在失望的同时就会产生报复的心理，排挤那个吹嘘的人。古今中外，因为吹嘘和自以为是而丧命的人不在少数。

公元前131年，一个罗马将军带领部队围攻希腊城堡，需要用撞墙槌攻破城门，但是当时他们并没有准备撞墙槌。将军沉思了一会儿，他想起看到过雅典船坞里有两支沉甸甸的船桅，其中较大的一支船桅可以用来代替撞墙槌，撞开希腊城堡的围墙，于是便下令将较大的那支立刻送来。接到命令的雅典军械师却认为，较短的一支更容易把墙撞开，于是军械师自作聪明，坚持把较短的桅杆送了过去。他深信将军一定会因为他这个明智的决定而赏赐他。

短桅杆运到战场后，将军一看没有按照他的命令来执行，非常生气。然而军械师却一点都没有发觉，仍然兴高采烈地向将军解释送来短桅杆的原因。他滔滔不绝，说自己是专家，在这方面有很深的造诣，深知其中的原理，并表示在这些事情上听取专家的意见才是最明智的，攻城时采用他送来的短桅一定是最有效的。将军越听越怒，从来没有一个人像这个军械师这样敢违抗自己的命令，并且还在自己面前吹嘘，这使得将军觉得自己受到了侮辱，于是还没等军械师说完，就下令把他吊起来，用鞭子活活把他打死。

吹嘘的人总是相信自己是正确的，他们总喜欢逞口舌之能，他们总是趾高气扬，自以为是，在权势面前也没有忌讳，这无异于自掘坟墓。

有时候沉默胜于千言万语，聪明的人都知道节制，与其夸夸其谈，不如闭起嘴巴低头做事。低调不是没有个性，沉默也不代表一无所知，真正的卓越非凡不用吹嘘总有人知道。吹嘘自己知识的人，等于宣扬他的无知；吹嘘自己勇敢的人，无疑告诉别人他是个胆小鬼；吹嘘自己富有的人，只能证明他是个爱财的人。平平常常的人，谦逊朴实地对待人生，无论他是否有所作为，人们都会对他有个好印象。

没人喜欢趾高气扬的人

美国著名的杰出人物富兰克林的父亲对他从小就很溺爱，过于纵容他，对于他骄傲自大、自以为是的行为，父亲也从来不加以训斥，所以，他一直都是固执己见，从不听取别人的意见。

富兰克林父亲的一位朋友看不过去，有一天，把他叫到面前，用很温和的言语规劝他说："富兰克林，你想想看，你那不肯尊重他人意见，事事都自以为是的行为，结果将使你怎样呢？别人受了你几次这种难堪后，谁也不愿意再听你那一味自夸骄傲的言论了。你的朋友们都会远远地躲着你，免受一肚子冤枉气，这样你将不能再从别人那里获得半点学识。何况你现在所知道的事情，老实说，还只是有限得很，根本不管用。"

富兰克林听了这些话，几番琢磨，终于大彻大悟，深知自己过去的错误，决意从此痛改前非。遇人遇事，他的态度非常诚恳，言行也

变得谦恭起来。不久，他便从一个被人鄙视、拒绝交往的自负者，变成到处受人欢迎爱戴的人了。

低调者做人的心态就是千万不要自以为是，要虚心请教，以低姿态坦诚接受别人的批评与意见，然后加以冷静的分析，从而悟出为人处世的道理，借此修正自己思想上的偏差。

有一位已工作十余年的老干部，他向来十分低调，只是坚持不懈地努力工作。从最初的职员到现在的车间主任，每次受到领导的表彰和嘉奖时，他都会对领导说："这不是我一个人荣耀，这是整个集体的荣耀，是整个集体的功劳。我没什么可以炫耀的，要嘉奖就嘉奖在座的所有人吧，是他们创造了我们厂的奇迹!"他一直都把荣耀、嘉奖让给别人，因此他一直深受工人们的爱戴和拥护。

谦虚的人往往能得到别人的信赖，因为谦虚，别人才认为你不会对他构成威胁。你会赢得别人的尊重，与他们建立良好的关系。

为人趾高气扬，飞扬跋扈，肯定会遭到他人的厌恶，没有人愿意和这样的人交朋友。为官者趾高气扬还会影响仕途的升迁。做人高调，触犯了这条法则，无异于惹火上身，种下祸根。只有低调处世，才能在世间站稳脚跟，进而成就自己的一番大业。

不要处处表现自己

自我表现应该说是人类的天性。在现代社会中，每个人都渴望在竞争中脱颖而出，充分展示个人风采。这也是适应激烈挑战的必然选择。但是，当我们展现自我才华的时候，要注意在不同的时间、地点、场合的表

现要恰如其分。不分场合、情境地高调表现自己会产生一种压力，引起别人的反感，从而使自己的人际关系产生危机，甚至会和许多机会擦肩而过，使本来应该辉煌的人生之路变得暗淡无光，反而和表现自己的初衷背道而驰了。

唐代著名的诗人和词人温庭筠，从小就文采出众，才思敏捷。每次参加科举考试的时候，别人对那些试题都要苦思很久，可他却能在顷刻之间完成。据说，他只要把手交叉八次，就能做出一篇八韵的赋来。所以，当时的人都叫他“温八叉”。按说，温庭筠有这样的才华，早就应该金榜题名，青云直上了。可他屡次参加进士考试，却始终没有中第。

依照唐宋时的笔记小说记载，温庭筠有一个习惯。由于他富有才华，所以在考场上早早就答完了考卷。剩下的时间，他不肯闲着，就开始帮助起左邻右舍的考生来，替他们把卷子一一做完。那些考生自然对他感恩戴德，但却引起了主考官的不满，多次将他黜落。后来，他这个名声越传越远，弄得人人皆知。主考官就命令他必须坐到自己跟前来，亲自看着他。温庭筠对此不满，还大闹了一场。可即使这般严防，温庭筠还是暗中帮了八个考生的忙，自然，他自己又是名落孙山了。

考了十几次还没有中第的温庭筠渐渐对科举考试失去了希望。他投到丞相令狐绹的门下去做幕客，替丞相代笔写些公文、诗词。令狐绹很看重他的才学，给他的待遇也十分优厚。但温庭筠却恃才自傲，对这位丞相特别看不起。有一次，皇帝赋诗，其中一句有“金步摇”，令大臣们作对。

令狐绹对不出来，就去问温庭筠。温庭筠告诉他可对“玉条脱”。令狐绹不知道是什么意思。温庭筠就说“玉条脱”的典故来源于《南华经》，并不是什么生僻的书。丞相在公务之暇，也应该多看点书才是。言下之意，就是讥讽令狐绹不读书。令狐绹十分不高兴。又因为皇帝喜欢《菩萨蛮》，令狐绹就让温庭筠为自己代填了十几首进献给皇帝，还特别嘱咐温庭筠千万不要把这件事泄露出去。可温庭筠却将此事大肆宣扬，使得尽人皆知。令狐绹对他就更加不满了。

温庭筠对令狐绹的为人颇为鄙视，还经常做诗讥讽他。令狐绹作了宰相，因为自己这个姓氏比较少见，族属不多，所以一旦有族人投奔，都悉心接待，尽力帮助，有很多人都赶来找他。甚至于有姓胡的人也冒姓令狐。温庭筠讽刺道：“自从元老登庸后，天下诸胡悉带令。”他还看不起令狐绹的不学无术，说他是“中书省内坐将军”，虽为宰相却像马上的武夫一样粗鄙。令狐绹得知这些事情，就更加恨他了，后来温庭筠又想参加科举考试，令狐绹奏称他有才无行，不应该让他中举。就这样，温庭筠终身与科举及第无缘。

温庭筠喜欢表现自己，因此得罪了主考官，得罪了宰相，还觉得不够，又把皇帝也得罪了。唐宣宗喜欢微服出行，一次正好在旅馆碰到了温庭筠。温庭筠不知道他是当今天子，言语中对他很不客气。皇帝认为他才学虽优却德行有亏，把他贬到一个偏僻小县去作了县尉。

温庭筠一直当着各式各样小得不能再小的官，穷困潦倒。有一次他喝醉了酒而犯夜，被巡逻的兵丁抓住，打了他几个耳光，连牙齿也打掉了。那里的长官正好是令狐绹，温庭筠便将此事上诉于他，可令狐绹却记着当年的旧恨，并未处置无礼的兵丁，却因此大肆宣扬温庭筠的人品是如何糟糕，后来这些关于他人品差劲的话传到了京城长安，温庭筠不得不亲自到长安，在公卿间广为致书，申说原委，为己辩白冤屈。这个时候，他对于自己过去恃才凌人的做法感到后悔，写诗有“因知此恨人多积，悔读《南华》第二篇”之句。可是这种悔悟并没有使他吸取教训。

后来，他做了国子监考试的主考官，又忍不住自我表现了一回。按照一般规矩，国子监考试的等第都是由主考官而定，并无公示的必要。温庭筠可能是饱受科举不第之苦，又对自己的眼光特别有自信，于是别出心裁，将所选中的三十篇文章一律张榜公开，表示自己的公平。他觉得自己的眼光很高，态度公正，所以并不害怕“群众监督”。可他选中的文章中有很多都是指斥时政的，温庭筠还给了这些文章很高的评语，不免让那些权贵们心中不满。后来，丞相杨收干脆找了个理由，把他贬到外地，温庭筠郁郁不快，还没有到贬所就因病去世了。

像温庭筠这样才华横溢之人，本来是应该有一番大作为的。可是他却太狂傲，太喜欢表现自己的才华，甚至不分场合，不分对象。所以，他的才华不但没有成为成功的助力，反而处处招惹是非，使他丧失了很多本来应该把握的机会，潦倒终身。可以说，他的仕途进取之路是被他自己亲手断送的。因此，那些有着满腹才华的成功者，往往不会恃才自傲，懂得低调处事的重要性，反而表现得平易谦逊，这才是真正的大智慧。“空心的谷穗高傲地举头向天，而充实的谷穗则低头向着大地”，就说明了这个道理。

稳慎谦恭，善始善终

曾国藩是中国历史上最有影响的人物之一。曾国藩所处的时代，是清王朝由乾嘉盛世转为没落、衰败，内忧外患接踵而至的动荡年代，由于曾国藩等人的力挽狂澜，一度出现“同治中兴”的局面。曾国藩正是这一过渡时期的中心人物，在政治、军事、文化、经济等各个方面产生了令人注目的影响。这种影响不仅仅作用于当时，而且一直延至今日。从而使之成为近代中国最显赫和最有争议的历史人物。

道光年间，曾国藩在北京做官，血气方刚，年轻气盛，加之一路顺风，平步青云，傲气不少。他参清德，参陈启迈，参鲍起豹，或越俎代疱，或感情用事，办理之时，固然干脆痛快，却没想到锋芒毕露、刚烈太甚，伤害了这些官僚的上下左右，无形之中给自己设置了许多障碍，埋下了许多意想不到的隐患。

咸丰七年在家守制时，经过一年深刻的反省，曾国藩才开始认识到自己办事常不顺手的原因。此次反省之后，使曾国藩进一步悟出了一些在官场中的为人之道："长傲、多言二弊，历观前世卿大夫兴衰及近日官场所以致祸之由，未尝不视此二者为枢机。""历观名公巨卿，多以长傲、多言二端而败家丧生。天下古今之才人，皆以一傲字致败；天下古今之庸人，皆以一惰字致败。"他总结了这些经验和教训之后，便苦心钻研老庄道家之经典，潜心攻读《道德经》和《南华经》，经过默默的体会，细细的品味，终于大彻大悟，悟出了为人处世的奥秘。这些貌似出世之书，实则讲述了入世之道。只不过孔孟是直接的，老子则主张以迂回的方式去达到目的；申韩崇尚以强制强，老子则认为"柔胜刚，弱胜强"。尘世间惟大智慧者可善下，唯善下者从不谄上欺下，从不自高自傲，始终虚怀若谷进退自如，方可成大气候。水能屈能伸，它常悄悄然，从从容容，缓缓浸润，渗透到许多最神秘的旮旯。看宽广的大江，滔滔东去，浩浩然直奔沧海，没有翻腾没有咆哮没有澎湃，坦然迂回在广阔平原上，其理智，其涵养，其深沉，其宽厚，正如一部活生生的《道德经》，滋润着中华民族的智慧。千古哲思，至理名言，老子真是个将天下竞争之术揣摩得最为深透的大智慧者！曾国藩研读得入了迷。尘世间许多棘手的事情，既然用直接的、以强对强的手法有时不能行得通，而迂回的、间接的、柔弱的方式也可以达到目的，战胜强者，且不至于留下隐患，为什么不采用呢？这其中深邃的哲理，浩瀚的智慧，都令他深深折服，悠然神往，心灵产生了许多难以言喻的共鸣。至此，曾国藩又终于悟出了老庄和孔孟并非截然对立的，两者结合既能做出掀天揭地的大事业，又可泰然处之，保持宁静谦退之心境。

同治元年，曾国藩升任两江总督，三千里长江水面，迎风招展的全是"曾"字帅旗。作为亲率三四十万人马的湘军最高统帅，他丝毫没有飞扬跋扈、洋洋自得之态，反而处处小心，慎之又慎。

自从咸丰十年六月实授两江总督、钦差大臣之后，曾国藩深知自己地位渐高，名誉渐广，便多次上奏请求减少自己的一些职权，或请求朝廷另派大臣来江南会办。攻克南京之后，立即裁减湘军，又令弟弟曾国荃回乡下停职反省。“低头一拜屠羊说，万事浮云过太虚。”“已寿斯民复寿身，拂衣归钓五湖春。”在极乐大喜的日子里，曾国藩时刻不忘给自己及诸弟狠敲警钟，天衣无缝地消除隐忧，显示了过人的清醒与才能。

曾国藩年少有为，又受儒家熏陶，以匡扶正气为己任，狂傲之气不小。但在实际的办事中，逐渐收敛锐气，采取比较和缓的手段来处理问题，又总结出一套修身处世之道，严格要求自己。日后镇压太平运动，得享大名，更是戒骄戒躁，以防朝中大臣和皇室的忌讳。真是如临深渊，如履薄冰，一生小心，才逃脱了“狡兔死，走狗烹”的命运，得以荣华终身。

有傲骨但不能有傲气

国画大师徐悲鸿先生有句名言：“人不可有傲气，但不能无傲骨。”前半句很明确地告诫了我们：人不可恃才傲物、孤芳自赏——看自己一朵花，看别人豆腐渣，而应该尊重别人，不要认为别人都不如自己。那样根本无法提高自己，只能让自己在自傲自负中一天天堕落下去，傲骨是自尊，是适度，傲气则是过量。

《三国》中的各路明星实在太多，诸葛亮，周瑜，关羽，张飞，赵子龙……可以说是数不胜数，祢衡在里面根本露不出头来。可若说祢衡在《三国》中是个无名之辈那就大错特错了，虽然祢衡在军事谋略方面的才能相形见绌，然而他在文学方面的造诣颇深，他的辞赋很是有名，不过，他的“狂”和“傲”更是“名垂史册”。

他的狂傲完全体现在他的嘴上。不可否认的是，在整部的《三国》中找不出一个比他还能骂的狂人，不分对象、不分场合。而他最终也正是吃了这方面的亏，掉了脑袋。

当时，曹操为了扩大自己的实力，急欲招募一些有才能的人为自己效力。求贤若渴的曹操听说祢衡有才，就想将他招为自己的属下。可祢衡却看不起曹操，不仅不肯去，还说了许多不敬的话。由于爱其才，曹操不忍杀他。得知祢衡会击鼓，便强令他到自己帐下做一名鼓吏。

有一天，曹操大宴宾客，就让祢衡击鼓，并特意为他准备了一套青衣小帽。当祢衡穿着一身布衣来到席间时，从官大声呵斥：“你既是鼓吏，为什么不换鼓吏装束？”祢衡于是不慌不忙地脱了外衣，又脱下内衣，最后就当着满堂宾客，一丝不挂地裸身而立，然后才慢慢地换上曹操为他准备的鼓吏装束，击了一通《渔阳三弄》。曹操虽然生气，但还是再三容忍，始终没有发作。

曹操并没有死心，又一次备下盛宴，要召见祢衡，并准备好好款待他。可狂傲的祢衡并不领情，还手执木杖，站在营门外大骂。曹操这一次也很生气，但为了自己的名声，只得用“借刀杀人”之计了，于是将他送给了刘表。

刘表当时正做荆州的太守，他很明白曹操的意图，就是想借他的手除掉祢衡。他也不愿落个杀才士的恶名，不得已，只好将祢衡送给了江夏太守黄祖。

黄祖可不像曹操、刘表那样有心计，他脾气暴躁，也不图那种爱才的美名，碰到像祢衡这样的狂妄之人，自然是水火不容。一次，黄祖在一艘大船上宴请宾客，祢衡出言不逊，黄祖呵斥他，祢衡竟然盯着黄祖的脸说："你整天绷着一张老脸，就像一具行尸走肉，你为什么不让我说话呢?"黄祖可没曹操那样的雅量，一气之下，便将他斩首了。这就是祢衡狂妄的最终下场。

恃才自傲者通常表现为妄自尊大、自命不凡、肆无忌惮、目中无人，只要有机会标榜自己，就会抓住不放地大吹大擂、口出狂言，常会给人一种趾高气扬、傲慢无礼的感觉，仿佛周围人都是一些鼠目寸光、酒囊饭袋之辈，全不把他们放在眼下。这也是人们常说的"狂妄"。

而祢衡的死就是过于恃才自傲、过于狂妄招致的。

有傲气的人大都从个人着眼，一切从个人出发，张扬自己无视他人，以一己之私傲视万物于脚下。这时的傲气就成为羁绊个人发展、破坏群体关系的一剂毒药，它所导致的是一种唯我独尊、目空一切、自高自大的自恋情结，同时相行而生的是一种排斥他人、拒绝合作、蔑视群体、崇尚个人的排他情结，从而形成一种自恋自娱的狭隘的个人空间。

在现实生活中，类似祢衡之类"傲气"十足的人确实不少，这种"傲气"不但给他们自身造成巨大危害，同时也给他们周围的人群和团体乃至社会和人民造成巨大危害。这种"傲气"之危害如此，肯定是要不得的，在我们的灵魂深处不应该有它的立足之地。

稻穗越成熟，头垂得越低

从历史的长河来看，不管我们拥有什么、拥有多少、拥有多久，都只不过是拥有极其渺小的瞬间。人誉我谦，又增一美；自夸自败，又增一毁。无论何时何地，我们永远都应保持一颗谦卑的心。

富兰克林是18世纪美国最伟大的科学家，著名的政治家和文学家。他的一生无论是在自然科学方面，还是在社会科学方面，都有极高的建树，被人称为“美国之父”、资本主义精神最完美的代表、科学的丰碑。然而在他死后，这个“科学的丰碑”的墓碑上只刻着：“印刷工富兰克林”。这令人匪夷所思，但这正是他谦逊做人基调的最好体现。

富兰克林年轻时和现在的许多年轻人一样，做人不懂得谦逊。他是一个才华横溢，骄傲轻狂的人。有一天，富兰克林去拜访一位德高望重的老前辈。来到老前辈的家门口，年轻气盛的他挺胸抬头迈着大步，一进门，他的额头“嘭”地一声重重地撞在门框上，额头上立刻鼓起一个大包，疼得他一边不住地用手揉搓，一边看着比他的身子稍矮一点的门。出来迎接他的老前辈看到他这副样子，笑笑说：“很痛吧！可是，这将是你今天来访问我的最大收获。一个人要想平安无事地活在世上，就必须时刻记住：该低头时就低头。”

富兰克林牢牢记住了老前辈的谆谆教诲，他把这次拜访得到的教导看成是一生最大的收获，并把谦逊列为一生的生活准则之一。富兰克林从这一准则中受益终生，后来，他功勋卓著，成为一代伟人，他在他的一次谈话中说道：“这一启发帮了我的大忙。”

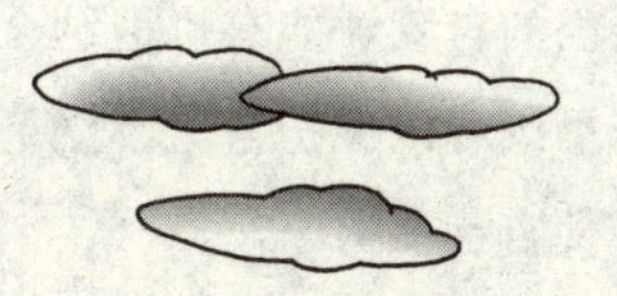

越是有成就的人，态度越谦虚、越低调；相反的，只有那些浅薄得自以为有所成就的人才会骄傲。

美国石油大王洛克菲勒就说：“当我从事的石油事业蒸蒸日上时，我晚上睡觉前总会拍拍自己的额角说：‘如今你的成就还是微乎其微！以后路途仍多险阻，若稍一失足，就会前功尽弃，切勿让自满的意念侵吞你的脑袋，当心！当心！’”

1860年，林肯作为美国共和党候选人参加总统竞选，他的竞争对手是大富翁道格拉斯。当时，道格拉斯租用了一辆豪华富丽的竞选列车，车后安放了一门礼炮，每到一站，就鸣炮30响，加上乐队奏乐，气派不凡，声势很大。道格拉斯得意洋洋地对大家说：“我要让林肯这个乡下佬闻闻我的贵族气味。”

林肯面对这种情形，一点也不在乎，他照样买票乘车，每到一站，就登上朋友们为他准备的耕田用的马拉车，发表这样的竞选演说：“有许多人写信问我有多少财产。其实我只有一个妻子和三个儿子，不过他们都是无价之宝。此外，我还租有一个办公室，室内有办公桌一张，椅子三把，墙角还有一个大书架，书架上的书值得我们每个人一读。我自己既穷又瘦，脸也很长，又不会发福，我实在没有什么可以依靠的，惟一可以信赖的就是你们。”

选举结果大出道格拉斯所料，竟然是林肯获胜，当选为美国总统。

聪明人总是把谦虚与恰当的自我才能有机地结合在一起，并由此而走上通向成功的大道。大智若愚既可以保护自己不受猜忌和伤害，又可以为自己的事业成功创造条件，使自己一鸣惊人。

在任何情况下都要把自己当成泥土，如果老是将自己当成珍珠，就时时有被埋没的痛苦。这也就是说，在适当的时候保持适当的低姿态，绝不是懦弱和畏缩，而是一种聪明的处世之道，是人生的大智慧、大境界。

保持谦虚态度的人，在人际交往中也会处处受人欢迎，做起事来别人也愿意帮忙。因为在人际交往的世界里，人们大多喜欢聪明、谦让而豁达的人，讨厌那些妄自尊大、高看自己、小看别人的人，这些愚蠢的人最终会使自己在交往中陷入孤立无援的境地。

当然，我们提倡低调做人，并非要你做“老好人”，“事不关己，高高挂起”，“明知不对，少说为佳；明哲保身，但求无过”……相反，要求我们在原则面前去掉怯懦的“老好人”性格，摒弃庸俗的作风，成为一名大智大勇、大慈大悲的人。提倡低调做人，也绝不意味着低沉，意味着因循守旧，而是要振奋精神，脚踏实地，干好每一件工作。自豪而不自满，低调而不低沉，这才是正确的态度。

第七章 RENSHENGJINGYAN

人生最大的罪过是后悔

选择了就不后悔，事情既然已经发生，后悔也没有任何益处，只会徒乱心境，坏了心情，有百害而无一利；反不如安心接受结果，过去且归于过去，同时接受教训，敢于尝试，机会来了就绝不放过，不让自己再事后后悔。

选择了，就不后悔

有一部电影名叫《安娜和安娜》，名字很有点意思，内容也颇有些灵异，看后，却让人感触颇多。

电影中的女主人公，具有遇到强烈刺激就会分身为二的特异功能。最关键的一次是大学毕业时，受到男友因抑郁症和遗传因素引发疯病的刺激，她分了身。其中一个离开了男友，以 Anna 的名字，去新加坡发展自己的事业，并有所成就；而另一个则仍以"思雨"的名字留下来，放弃了事业专心照顾男友，成为普通的家庭主妇。

10 年后，机缘巧合，两个分身相遇在一起，并逐渐了解了对方和自己。她们发现对方选择的生活正是自己心底里所期望的，于是决定互换身份，都体验一下自己

理想的日子。虽然两个人都暗地里做了不少手脚，希望永远摆脱原来的生活，并过上自己一直期望的生活。但当真正进入了另一个角色后，却发现各自仍然都不开心，最终还是又各自选择了自己原来的生活。

看罢，心中难免受到强烈的震撼，不由赞叹电影故事的原创者对人生的感悟和把握。生活中不知道有多少人，总是感到不开心但是又很无奈，不断抱怨自己当初的选择，常说这样一句话：“如果能回到某某时候，让我重新来一回，我一定会过得比现在幸福！”

但人生的路，走过了就是走过了，谁也绝不可能原封不动地回到过去重新选择一次。电影故事的原创者可谓匠心独运，他用一种包含灵异色彩的叙事手段，告诉人们，即使你分身有术，可以有不同的选择，但有一样你是无法选择的：生活总有许多不如意，没有绝对完美的幸福可选择，你必须现实地面对很多的无奈。

在生活中，不应该总觉得自己选择的生活不尽人意，不要总以为别人都很幸福，其实那个人说不定也正后悔着呢！比如：有人羡慕诗人，却不知诗人大多贫困，生活总比较艰涩；有人羡慕豪富，但钱往往愚弄得人不知身往何处，烧坏了公理道德；有人羡慕艺人光辉多彩，却不知背后付出多少心酸甚至人格；有人羡慕运动员取得世界冠军的荣耀和奖金，却不知训练与比赛的枯燥和伤痛；有人羡慕官员大权在握，颐指气使，却不知背后的卑微和如履薄冰的危机；有人羡慕工人农民的平淡和天伦之乐，却不懂背后的辛劳和没钱的羞涩。

既然家家有本难谱的曲，人人有本难念的经，生活中没有真正完美的生活可以选择，后悔便是无济于事的，那么我们何不换一种思维方式呢？选择了诗人，就满足于文字的优美和充实的精神生活；选择了豪富，就满足于衣食无忧和让人羡慕的豪宅名车；选择了艺人，就满足于社会的知名和不菲的收入；选择了运动员，就满足于金牌和别人得不到的荣耀；选择了官员，就满足于前呼后拥和总能上媒体的头版头条；选择了工人农民，就满足于每天的充实和没有大的风波。如果事情不能做得尽善尽美，尽可以满足于尚能轻松自得。这样去想的话，我们的生活不是很完美吗？反正别人也总有不如意，我为什么非要和自己过不去，后悔过去的选择呢？

只要你不满意生活，生活就永远不会让你满意！既然无法选择完美的生活方式，就选择完美的心态和情感，生活就是完美的！所以，已经选择了，就不后悔！

过去且归于过去

对于过去的错误，我们不应耿耿于怀。一方面，知错能改善莫大焉，另一方面，人们也不要总停留在过去，过去的成功也好失败也罢，都不能代表现在和未来。

唐代文学家、哲学家柳宗元对于禅学一道也颇有研究，他所作的《巽公院五咏·禅堂》一诗就暗藏着深刻哲理：

万籁俱缘生，窅然喧中寂。

心境本洞如，鸟飞无遗迹。

这首诗是柳宗元被贬之后所作，前两句诗的意思是：大自然的一切声响都是由因缘而生，那么，透过因缘，能够看到本体；在喧闹中，也能够感受到静寂。后两句意思是说心空如洞，更无一物，所以就能不被物所染，飞鸟（指外物）掠过，也不会留下痕迹。它不仅写出了柳宗元被贬之后的幽独处境，而且道出了禅学对心境的影响。

可以说人的一生由无数的片段组成，而这些片段可以是连续的，也可以是风马牛毫无关联的。说人生是连续的片段，无非是说人的一生平平淡淡、无波无澜，周而复始地过着循环往复的日子；说人生是不相干的片段，因为人生的每一次经历都属于过去，在下一秒我们可以重新开始，可以忘掉过去的不幸、忘掉过去不如意的自己。

在雨果不朽的名著《悲惨世界》里，主人公冉·阿让本是一个勤劳、正直、善良的人，但穷困潦倒，度日艰难。为了不让家人挨饿，迫于无奈，他偷了一个面包，被当场抓获，判定为“贼”，锒铛入狱。

出狱后，他到处找不到工作，饱受世俗的冷落与耻笑。从此他真的成了一个贼，顺手牵羊，偷鸡摸狗。警察一直都在追踪他，想方设法要拿到他犯罪的证据，把他再次送进监狱，他却一次又一次逃脱了。

在一个风雪交加的夜晚，他饥寒交迫，昏倒在路上，被一个好心的神父救起。神父把他带回教堂，但他却在神父睡着后，把神父房间里的所有银器席卷一空。因为他已认定自己是坏人，就应干坏事。不料，在逃跑途中，被警察逮个正着，这次可谓人赃俱获。

当警察押着冉·阿让到教堂，让神父辨认失窃物品时，冉·阿让绝望地想：“完了，这一辈子只能在监狱里度过了！”谁知神父却温和地对警察说：“这些银器是我送给他的。他走得太急，还有一件更名贵的银烛台忘了拿，我这就去取来！”

冉·阿让的心灵受到了巨大的震撼。警察走后，神父对冉·阿让说：“过去的就让它过去，重新开始吧！”

从此，冉·阿让洗心革面，重新做人。他搬到一个新地方，努力工作，积极上进。后来，他成功了，毕生都在救济穷人，做了大量对社会有益的事情。

冉·阿让正是由于摆脱了过去的束缚，才能重新开始生活、重新定位自己。

人们常说，“好汉不提当年勇”，同样，当年的辉煌仅能代表我们的过去，而不代表现在。面对过去的辉煌也好、失意也罢，太放在心上就会成为一种负担，容易让人形成一种思维定势，结果往往令曾经辉煌过的人不思进取，而那些曾经失败过的人依然沉沦、堕落。然而这种状态并非是一成不变的。

有一天，有位大学教授特地向日本明治时代著名禅师南隐问禅，南隐只是以茶相待，却不说禅。

他将茶水注入这位来客的杯子，直到杯满，还是继续注入。这位教授眼睁睁地望着茶水不停地溢出杯外，再也不能沉默下去了，终于说道：“已经溢出来了，不要再倒了！”

“你就像这只杯子一样。”南隐答道，“里面装满了你自己的看法和想法。你不先把你自己的杯子清空，叫我如何对你说禅呢?”

人生就是如此，只有把自己“茶杯中的水”倒掉，才能让人生倒入新的“茶水”。

生命的过程如同一次旅行，如果把每一个阶段的成败得失全都扛在肩上，今后的路只会越走越窄，直至死角末路。

不要为打翻的牛奶哭泣

孔子说："已经做过的事不要再评说了，已经完成的事不要再议论了，已经过去的事就不要再追究了。"他是要告诉我们，做事情不要被已经发生的事情所困扰，只要是正确的，就要义无反顾地走下去，没有必要因为做错了什么事情而悔恨，眼光要向前看。

每个人都有怀旧的心理，即使嘴里高喊着向前看，眼睛还是会不由自主地瞄向已经过去的日子。绝大多数人对新事物的接受会表现出一种羞羞答答的心态，直到新事物不再新鲜，再用一种怀旧的或恍然大悟的口吻来评说。客观地分析，向后看既是对过去的留恋，也是对现实的迷惘和不满。

但当今世界的发展日新月异，因此，向前看就显得比怀旧更为重要。特别是对新事物，更应该用发展的和超前的眼光来认识对待。辩证唯物主义认为，世界是由在一定的时空中有规律地运动着的物质组成的，就是说分析事情或现象要以特定的时空作为条件。因此，我们特别强调要向前看，否则，难免落伍而被新新人类蔑视为"土老冒"或"阿乡"。

而在现实生活中，有的人对于曾经失去的机会耿耿于怀，每当失意的时候，都会感叹，如果当初我那样选择，那么现在我将是怎样怎样了。但关键是你没有那样选择，关键是你已经失掉了那个机会，如果你再自怨自艾下去，你将失掉下一个机会。所以，过去的事情完全没有必要放在心上，你当初那样做，一定有你那样做的理由，谁也无法预测未来，不能用你的今天去对比你的昨天，然后使自己生活在痛苦中。这两者之间根本就

没有可比性，对于现实来说，预测永远都要甘拜下风，你当然不必为曾经的选择失误而伤心沮丧。

东汉大臣孟敏，年轻的时候曾卖过甑。有一天，他的担子掉在地上，甑被摔碎了，他头也不回地径自离去。有人问他：“甑摔坏了多可惜啊，你为什么都不回头看一看呢？”孟敏十分坦然地回答：“甑既然已经破了，再疼惜它也没有什么好处了。”是的，甑再珍贵，再值钱，再与自己的生计息息相关，可它被摔破，已是无法改变的事实，你为之感到可惜，心疼如焚，顾之再三，又有什么益处呢？

这就是明代大学问家曹臣的《说典》中的一则小故事《甑已摔破，顾之何益》。这个故事告诉我们：不要为无法改变的事痛惜，后悔，哀叹，忧伤，可以说是古今中外聪明人的共同的生存智慧。

我们都经历过某种重要或心爱的东西失去的事情，其大都在我们的心理上投下阴影。究其原因，那就是我们并没有调整心态去面对失去，没有从心理上承认失去，总是沉湎于已经不存在的东西，没想到去创造新的东西。与其抱残守缺，不如就地放弃。普希金的诗中说：“一切都是暂时，一切都会消逝，让失去变得可爱。”失去不一定是损失，也可能是获得。有些人终日为过去的错误而悔恨，为过去的决策失误而惋惜，沉溺于过去的错误之中，是事业成功的一大障碍。它会斩断进取的锐角，磨钝智慧的锋芒，甚至愚蠢地得出这样的结论：“我过去失败了，下次恐怕就不行了”。因此，畏首畏尾，顾虑重重，很难取得事业的成功。

甑被打破，不可能恢复原状；牛奶被打翻，不可能重新装回杯中。任你哀叹，任你后悔，任你捶胸顿足呼天喊地，任你悔断肠子心疼肝疼胃疼，任你三天不吃饭五天不睡觉，也肯定不会改变这个已经板上钉钉的事实。聪明的做法，就是按照孟敏的做法去做，这才是人生的大智慧。

辛弃疾在一首词中写道："叹人生，不如意事，十之八九。"是的，在生活中，不可能事事顺心，万事如意。下岗，被精简，被老板炒了鱿鱼，不如意；落选，被降职，被顶头上司冷落，不如意；评副高职称少了一票，送学术刊物的论文泥牛入海，不如意；经商亏本，工厂赔钱，路上被窃，也不如意……林林总总，不一而足。一旦遇到这样的事该怎么办，想想《甑已摔破，顾之何益》，想想"不要为打翻的牛奶哭泣"，想想人家的生存智慧，对自己肯定会大有裨益的。

在当代社会，更应具有这样的生存智慧，因为在激烈的竞争中，我们手中的"甑"随时可被他人打破，杯中的牛奶也可能被打翻。遇到这样不如意的事，不哭天抹泪，不怨天尤人，不消沉颓唐，不心灰意懒；记取教训，挺直腰杆，义无反顾，径直向前。生活中，这样的人，才能出人头地，才能成为强者，才能事业有成，才能品尝到成功的喜悦，才会有鲜花美酒的陪伴。

既然事情已经过去，就不要再耿耿于怀。调整好心态，勇敢地面对现在和未来。要知道，悔恨过去，只会损害眼前的生活。不要让"打翻的牛奶"潮湿了我们的心情，我们还有很多事要做，我们没有理由因为这件事而拒绝这一天的生活，相反我们应该将这天的生活过得平静而恳挚，这样才会有丰盈的过去，也才能开创未来。

"不要为打翻的牛奶哭泣"，这句话包含了丰富深刻的哲理，过去的已经过去，历史就如"黄河之水天上来，奔流到海不复回"，不能重新开始，不能从头改写，为过去哀伤，为过去遗憾，除了劳心费神，分散精力，没有一点益处。

勇于开始，才不会事后后悔

一个人或者一个企业能否成功，能否在短期内发生深刻的变化，主要体现在行动、技术、修养、世界观和自我认识五个层次上。而行动，必须而且总是第一位的。只有开始行动，人生才有价值，智慧才能变成财富。幻想毫无价值，计划渺如尘埃，马上付诸行动才是最重要的。

许多人总是长吁短叹，认为自己之所以没有富起来，主要原因就是没有发财的机遇。其实，我们不妨对比一下那些致富者，你就可以发现，机遇在大多数时候是同时降临在许多人身上的，只不过是有人犹豫了一下，而有人却立即行动了而已。

20世纪70年代的一天，亚默尔肉食加工厂的老板亚默尔拿起报纸浏览。每天清晨通过报纸了解国内外的新闻并从中寻找商机，这是他事业成功的主要秘诀。“墨西哥发现了怀疑是牲畜瘟疫的病案!”这是一则几十个字的短消息，它使亚默尔两眼放光：如果那儿真的发生了

牲畜瘟疫，必然就会越过国界，传染到与之接壤的美国加利福尼亚和得克萨斯两个州，而这两个州是美国肉类产品的主要供应地。以后肉类供应就会紧张，肉价就会猛涨！

机会来了！“我必须马上行动！”他派了自己的医生亨利专程到墨西哥调查这件事的真实情况。亨利医生发回的电报大大地出乎意料：“疫情比报道严重得多，牲畜已经大批死亡。”亚默尔接到电报后，立即调动大笔资金在加州和得州大量收购牛和生猪，并火速运送到东部。

果然，瘟疫很快就蔓延到了美国西部的几个州，政府下令禁止这些州的肉类运出，国内的肉类供应陡然变得紧缺，猪肉和牛肉的价格飞一般暴涨。亚默尔于是赶紧把以前购进的牛肉和猪肉抛售出去，短短几个月，他就净赚了 900 万美元。

生意场上往往有突如其来的情况发生，面对种种变化，如果我们不马上付诸行动，一切的一切都毫无意义。

犹太人曾说过：人的一生中，有三种东西不能使用过多，作面包的酵母、盐、犹豫。酵母放多了面包会酸，盐放多了菜会苦，犹豫过多则会丧失赚钱和扬名的机会。

有过类似经历的人都知道，机遇来得突然，走得迅速，可以说是稍纵即逝。要想跟上它的脚步，只有勇敢地迈开自己的步伐，行动起来，才有可能追赶上它。只有敢于冒险，才能找到成功的路，才不会让自己事后抱憾后悔。

不敢冒险是成功的最大风险

冒险精神并非与生俱来，多半是由训练而来的，是经由冒险、失败、再冒险、再失败，一步步锻炼出来的。“保证什么都不会出差错”的人，一般都不能成什么大气候。

世界上任何领域的一流高手，都是靠着勇敢面对他人所畏惧的事物才出人头地，而一些取得了成功的人，也都是如此，都是以冒险的精神作为后盾的。

冒险是每个人都无法逃避的生存法则，在我们每个人的成长经历中，都经过无数次的冒险：在幼儿时期，我们冒险地站起来学走路；年纪稍长时，冒险学骑自行车；如果有条件，有人还冒险学开汽车，学游泳、学跳伞……冒险需要勇气，而有了勇气，才可能动手去做事，没有勇气什么事都做不成。有勇气的人也会害怕，但是他会克服自身的恐惧，向不确定的世界迈进，而那些缺乏勇气的人只能平庸地像蜗牛一样生活。

也许我们今天已变得稳健而保守，如果这样的话，就需要重新拾回失去的冒险本能，培养健康的冒险精神。

成功与财富，甚至你想拥有的每一样东西，每一项技能都不是与生俱来的，要得到这些，一定要经过冒险的阶段，并发挥“越失败，越勇敢”的精神，尝试，再尝试，才可能获得。

人类的进步与冒险精神是息息相关的，甚至从某种意义上说正是因为人类的冒险精神才促进了人类的进步。哥白尼的天体运行学说，美洲新大陆的发现等无数的事例证明了人类的一系列发现和创造都是从冒险开始的。勇于冒险的人，并非不惧风险，只是因为他们能认清风险，进而克服对风险的恐惧。勇气源于控制恐惧，而培养冒险精神则始于对风险的了解，特别是对风险所造成的后果的了解。

敢想敢做是一笔宝贵的财富，它在使人冲动的同时却又给予人们以热情、活力与敢向一切挑战的勇气，但是在懦夫眼里，无论干什么都是很危险的。

有一个人从小没有看见过海，他很想看一下大海到底是什么样的。有一天他得到一个机会，来到了海边，那儿正笼罩着雾，天气又冷。“啊，”他想，“我不喜欢海；庆幸我不是水手，当一个水手太危险了。”

在海岸上，他遇见一个水手，他们交谈起来。

“你怎么会爱海呢？”这个人奇怪地问，“那儿弥漫着雾，又冷。”

“海不是经常都冷和有雾，有时，大海是很美丽的，无论任何天气，我都爱海。”水手说。

“当一个水手不是很危险吗？”

“当一个人热爱他的工作时，他就不会再害怕什么危险，我们家的每一个人都爱海。”水手说。

“你的父亲现在何处呢？”

“他死在海里。”

“你的祖父呢？”

“他死在大西洋里。”

“既然如此，”这个人带着同情和惋惜的语气说，“如果我是你，我就永远也不到海里去。”

“那你愿意告诉我你父亲死在哪儿吗?”

“啊，他在床上断的气。”

“你的祖父呢?”

“他也是死在床上。”

“这样说来，如果我是你，”水手说，“我就永远也不到床上去了。”

一个人在冒险的过程中，就会让自己原本平淡无奇的生活变得激动人心起来，而且如果你能勇于冒险求胜，你就能比你想像的做得更好。

吉姆·伯克晋升为约翰森公司新产品部主任后的第一件事，就是要开发研制一种儿童使用的胸部按摩器。然而，这种产品的试制失败了，伯克心想这下完了，可能只好卷铺盖走人了。

伯克被召去见公司的总裁，不过，他受到了意想不到的接待。“你就是那位实验失败者吗?”罗伯特·伍德·约翰森问道，“好，我倒要向你表示祝贺。你能犯错误，说明你勇于冒险，而如果缺乏这种精神，我们的公司就不会有发展了。”数年之后，伯克本人成了约翰森公司的总经理，他牢记着前总裁的这句话。

勇气和财富之间的关系是显而易见的，因为风险和收益往往是同时存在的。不管做什么生意，风险都是客观存在的，追求财富本身就是一种需要尝试者勇敢地面对风险、征服风险的过程，而且在一般情况下，风险越大，回报也就越大，因此，勇气的有无和大小，往往是贫穷和富有之间的分界线。

旁观者的姓名永远爬不到比赛的计分板上

有一句流传甚广的格言：“罗马不是一天建成的。”这句话和东方的“千里之行始于足下”表达的是同样的意思。我们也可以这样理解这句话，即使是最优秀的选手，如果只是以旁观者的姿态来观战，那么他的名字永远爬不到比赛的记分板上。

成功的人大都具有雷厉风行的性格，也是自我策划的高手。当其他人在原地踏步时，他们早已顺着机会的指导奋勇前行，建立自己的事业王国。但他们的成功既源于这种正确的策划，更在于策划之后的实际行动。因为只有去做，策划才能落在实处。

成功不会降落在一个只会空想、干看、瞪眼的人身上。

犹太人哈同，1872 年来到中国上海谋生，当时他 24 岁，年轻力壮，但身上除了穿着外，几乎一无所有。他立志来中国赚钱发财，但自己一无资本，二无专业知识和技术。他决心从一个立足点开始，因他长得身体魁梧，在一家洋行找到一份看门工作。要在别人是不愿干的，自己相貌堂堂，年轻高大，却屈于当站门雇员，而哈同却不那么想，他认为看门赚来的钱是一种报酬，没有丢脸和失身份的感觉。另外，他更有深层次的考虑，“千里之行始于足下”，在这份工作上找到个立足支点，今后通过自己的努力奋斗，积蓄力量，最后终要找到能赚更多的钱的路子。

哈同在当看门工时，非常认真，忠于职守。晚间，他利用一切可用时间阅读各种经济和财务的书籍，知识增进很快。老板觉得此人工作出色，脑子精灵，把他调到业务部门当办事员。哈同一如既往，工作业绩不错，

逐步被提升为行务员、大班等。这时，他的收入大为增加了。胸怀壮志的他，并没有因此而知足。他认为自己创业的时机到了，1901 年，他找理由离开了打工岗位，自己开始独自经营商行。

哈同自办的商行取名为“哈同洋行”，为了赚取更多的钱，以经营洋货买卖为主。洋货在中国市场上可相对比的竞争品不那么多，消费者难以“货比三家”，因此，他的经营获得了高额的利润，而市场神不知鬼不觉地扩大了。

几年间，他赚了许多钱。随着资本的增多，哈同没有放缓自己追求，开始买卖土地和放高利贷业务。他买入的土地往往是从一些急于等钱用的人那里获得，所以他把价钱压得很低，卖主不得不就范。接着，他将低价买入的土地租给别人造屋，到一定年限后收回，这样连房产也归他所有了。另外，他自己也投资建造楼房供出租，从中获取惊人的利润。就这样，他成为了大富豪。

犹太巨商大多是白手起家，刚刚从业时一般多从事最底层的工作。他们的一大共性是都能将平凡的工作干得出色。

洛克菲勒 16 岁开始为一个小商人做会计助理，因工作有条不紊，精细认真而深受老板赏识；哈同在上海的沙逊洋行当门卫，因表现突出，一年后被升任地产科领班；钻石大王彼德森 16 岁到一家珠宝店当学徒，敲敲打打一丝不苟，仅 5 个月手艺就得到师傅的认可；股票超人约瑟夫从 14 岁到

17 岁，伏案画股票行情图一画即三年。类似的事例太多了。他们还有一个共性是工作之余看书学习。有个说法，人与人之间的差距主要在业余时间。他们就是利用业余时间使自己成为某一方面的专家。

“别想一下就造出大海，必须先由小河川开始。”反观某些人，不屑于做细事却只想做大事，结果不仅缺乏根基，而且信心屡屡受挫。

记住一句话：旁观者的姓名永远爬不到比赛的计分板上。

即使是不成熟的尝试，也胜于胎死腹中的策略

在人的一生中，风险几乎无处不在，如影随形。只有那些乐于迎战风险的人，才有战胜风险、夺取成功的希望。贪恋蜷缩在温室中、保护伞下，并非人的唯一选择。妄想处于一个没有风险的世界，只能是海外奇谈。

不愿意冒风险的人，他们不敢笑，因为怕冒一些显得愚蠢的风险；他们不敢哭，因为怕冒一些显得多愁善感的风险；他们不敢暴露感情，因为怕冒露出真实面目的风险；他们不敢向他人伸出援助之手，因为怕冒被牵连的风险；他们不敢爱，因为怕冒不被爱的风险；他们不敢希望，因为怕冒失望的风险；他们不敢尝试，因为怕冒失败的风险……即使如此，你也必须要学会冒险，因为生活中最大的危险就是不冒任何风险。

鸵鸟在遇到危险的时候常常有掩耳盗铃的举动，把自己的头藏在沙土中获得心灵上的解脱。人成年之后，虽然知道好多事情不能躲避，必须坚强面对，要冒风险，但还会在心底保留着那种逃避和寻求安慰的想法。其实，困难和风险也是欺软怕硬的，你强他就弱，你弱他就强。你要时刻记

得，最困难的时候，没有时间去流泪；最危急的时候，没有时间去犹豫。优柔寡断就意味着失败和死亡。

一个不冒任何风险的人，什么也不做，到头来，只会什么也没有，什么也不是。他们逃避了痛苦和悲伤，但他们也不能学习、改变、感受、成长和生活。他们被自己的态度捆绑着，是丧失自由的奴隶。

有些人心细如发，做事的时候总希望把风险降到最低，事事求保险，这当然无可厚非。但是有些时候，机会稍纵即逝，稍有犹豫就很可能错失良机。做任何事情都是有风险的，如果一味拣有把握的事情做，那么你的人生可能永远是碌碌无为的。

有些人一旦遇到了棘手的事情，就一定要去和他人商量。这种优柔寡断的人，既不相信自己，也不会被别人所信赖。有的人简直优柔寡断到了无可救药的地步，他们不敢决定任何一件事情，不敢担负起应负的责任。

而他们之所以这样，是因为他们不知道事情的结果会怎样，究竟是好是坏，是吉是凶。他们常常对自己的决断产生怀疑，不敢相信他们自己能解决重要的事情。因为犹豫不决，很多人错失了成功的大好机会。

俗语说："冒险越大，荣耀越多。"所以，对渴望成功的人来说，犹豫不决、优柔寡断是一个最危险的仇敌，在它还没有对你施加影响，破坏你的机会之前，你就应该立即把这样的敌人置于死地。不要再犹豫，不要再思前想后，马上做出决定，就是现在。要逼迫自己迅速做出决策，不要在选择面前无所适从。

当然，对于比较复杂的事情，在决断之前必须从各方面来加以权衡和考虑，但是一旦打定主意，就绝不要再更改，不再留给自己后退的余地。一旦决策，就要有破釜沉舟的勇气。只有这样做，才能养成坚决果断的习惯，既可以增强人的自信，同时也能博得他人的信赖。有了这种习惯后，在最初的时候，也许会做出错误的决策，但由此获得的自信等种种卓越品质，足以弥补错误决策可能带来的损失。即使冒险的尝试，也胜于胎死腹中的计划。

戈达德说："'一生的志愿'是我在年纪很轻的时候立下的，它反映了一个少年人的志趣，其中当然有些事情我不再想做了，像攀登埃佛勒斯峰或当'人猿泰山'那样的影星。制定奋斗目标往往是这样，有些事可能力不从心，不能完成，但这并不意味着必须放弃全部的追求。""检查一下你的生活并向自己提出这样一个问题是很有好处的：'假如我只能再活一年，那我准备做些什么?'我们都有想要实现的愿望，那就别拖延，努力尝试去做，迟早会有成功的一天。"

敢于尝试的态度对于成功者来说是非常重要的。一个人对于生活的态度不是一成不变的，你可以设法改变你的态度。在你前进路途中的每一步，你都肩负着一定的责任，因此，一定要树立一个正确的态度，始终坚持尝试。

人生伟业的建立，不在能知，乃在能行

没有智慧的知识是没有用处的，但拥有知识和智慧而没有行动，也同样没有用处。

人大都很懒，很多人知道每一样东西只有使用才能更好地起作用，过多的准备将成为无限期延缓行动的一个借口。因此，你必须避免陷入对计划与战略设计的迷恋中。

我们这个世界缺少实干家，而从来不缺少空想家。那些爱空想的人，总是有满腹经纶，他们是思想的巨人，却是行动的矮子。这样的人，只会使我们的世界越来越混乱，而不会创造任何的价值。

几年前，有个很有才气的教授想写一本传记，专门研究几十年前一个让人议论纷纷的人物轶事。这个选题既有趣又少见，真的很吸引人。这位教授知道的很多，他的文笔又很生动，这个计划注定会替他赢得很大的成就、名誉与财富。一年过后有人无意中提到那本书是不是快要大功告成了，谁知道，老天爷，他根本就没有写！他犹豫了一会儿，好像正在考虑怎么解释才好，最后终于说太忙了，还有许多重要的任务要完成，因此自然就没有时间写了。

生活中，有很多人与这位教授十分相似，他们有很好的想法与规划，有十分美好的理想与愿望，可是没有用实际行动来实现它。即使是再美好、再有价值的东西，也是胎死腹中，令人惋惜。

踏实肯干的人总是早早行动。如果你想成就一番伟业，在确立你远大的目标之后，就要静下心来，认认真真、脚踏实地地做你该做的事情。在通往成功的路上，你不要梦想一步登天，如果基础不扎实，那么，你的奋

斗目标则无异于空中楼阁。所以，真正聪明的人，就是一步一个脚印地走着，用自己的行动构筑成功的基石。

有的人也知道为目标去行动，可是怀有“等”、“靠”的心理，有拖拉的习惯，总是不着急，不着慌，悠哉悠哉，今天完不成，还有明天、后天。其实这种做法，只能把工作越积越多，导致明天的任务也完不成。久而久之，整个计划都会泡汤。

当你下决心做事时，一定要立即行动，上天不会因为你美好的想像而送你一张馅饼。

数年前3月的一个晚上，成功学大师克里曼·斯通在墨西哥城访问弗兰克和克劳迪娅夫妇。

克劳迪娅说：“我盼望我们在加丁区（加丁区是墨西哥城最令人向往的地方）能够有一所房子。”

斯通问：“你们为什么还没有呢?”

弗兰克哭了，答道：“我们没有这笔钱。”

斯通说：“如果你知道你想要什么，穷有什么关系呢?”

弗兰克没有回答。

斯通又提出一个问题：“顺便说一下，你是否读过一些激励人的励志书，例如《思考致富》、《积极思考的力量》、《你的潜能》、《信心的魔力》等?”

他们回答:“没有。”

于是,斯通就告诉他们一些成功人士的经历:这些人知道他们想要什么,读了一些励志书,听从书中的意见,然后就行动。迈出第一步后,他们继续坚持努力,最终获得了他们所追求的东西。

斯通还告诉弗兰克夫妇几年前他自己的情况:用首次付款为1500美元的分期付款,购买了一所价值120万美元的新房子以及如何按期付清了房款。斯通送给了他们一本他所推荐的书。弗兰克和克劳迪娅下定了决心。

当年的12月,当斯通正在家中休息时,接到了克劳迪娅打来的电话。她说:“我们刚从墨西哥城来到美国,弗兰克和我所要做的第一件事就是感谢你。”

斯通感到诧异:“感谢我,为什么?”

“我们感谢你,因为我们在加丁区买了一所新房子。”

几天后,在请斯通吃饭时,克劳迪娅解释说:“在一个星期六的傍晚,弗兰克和我正在家里休息,有几位从美国来的朋友打电话来,要我们用汽车把他们送到加丁区去。恰好那个时候我们都相当疲乏了,弗兰克正准备拒绝时,书上的一句话闪现于他心中:‘迈出第一步。’于是我们决定用汽车送他们到那里。当我们用汽车送他们通过这人造的天堂时,我们看见了自己梦寐以求的房子,甚至还有我们所渴望的游泳池。我们买下了它。”

弗兰克说:“你可能很想知道,虽然这个房产的价值超过50万比索,而我们的存款只有5000比索,但我们住在加丁区新居的费用比住在旧居的费用还要少些。”

“这是为什么呢?”

“因为我们买了两套房间,它们在财产上相当于一所房子。我们将其中的一套租了出去,那套房间的租金足以偿付整个房产的分期付款。”

这个故事并不十分惊人,一个家庭买了两套房间,自住一套,出租一套,这是很普通的事情。使人感到吃惊的是:一个没有经验、没有背景,甚至没有资金当本钱的人,只要听从大师的一些建议,然后付诸行动就能轻易得到他所想要的东西。

“纸上谈兵”的人表面看起来夸夸其谈，其实最终只能落个笑柄。我们要牢记：没有智慧的知识是没有用的，而没有行动的智慧也是毫无价值的。活着，不仅是要思考，更重要的是要行动。纸上得来终觉浅，绝知此事要躬行，低下身来，勤于行动，才能收获丰富而充实的人生。

馅饼不是等来的

要知道天上不会凭空掉下一个馅饼来，即使掉下来了，也不一定恰好落到你的头上。所以要获得“好运”，就要发挥主动性，寻找到“馅饼”的落点，稳稳地接住它。

一个朋友曾讲过他和妻子的故事。从他讲的故事中能看到决心与精力的相互作用及其幸运的结果。

我和妻子离家的时候，家乡的情况很不好，但是我们发现新地方的情况也不好。这里有许多像我一样的人，没有合适的工作岗位。我在家乡受过良好教育，成绩优秀，获得了行医执照。但在这里我谁也不认识，根本不能指望病人找我看病。去医院求职更无望，因为从医学院毕业的高材生都很难在医院找到工作，当然别指望他们给我留个职位。我和妻子都很着急，我们有一点儿钱，可撑不了多久。但是，枯坐着干搓手无济于事。由于找不到工作，我们决定到乡下看一看。我们买了一辆旧车，开始上路。我们在旅途中的所见所闻令人高兴。乡下的情况比城里好，妻子说：为什么不当一名乡村医生呢？

我对她说：“别心血来潮了，人们都对外地人存有戒心，我的口音这么重，怎能指望在这种地方做医生呢？再说，你一定清楚，每个镇子都有医生。”

可是，只要妻子有了想法，再劝说也没用。从那时起，每当我们停车休息，她都会对路过的人说："这个镇子需要医生吗？"

当然，人们都认为她很怪，回答说"不需要"。我求她别问了。我说："求求你，这太让人难堪了。"可是她毫不在意。她是必须有事可做的女人，要不然就不高兴。后来我甚至讨厌停车，因为人一靠近，她马上就会问："你们这儿需要医生吗？"

几周后，妻子也有些灰心。一天，我们正在开车，我说："别说那些废话了。"她说："或许你是对的。"说完我们停下来休息。这时妻子与身边的人搭话。我还没来得及阻止她，她已经又提出那个老问题。让我惊讶的是，一个男人说："你提这个问题，太有意思了。我们那个地方的老医师两天前刚得病死去，我们正想着尽快从外面请个医师来呢。"

妻子对我说："你看，机会来了！"于是，我们到这里跟当地人谈了谈，就开起了诊所。打那以后，一切都很顺利。我们交了许多朋友，再也不想搬家了。

馅饼不会从天上掉下来，等也永远不会等来，实干才是获得成功的最快途径。实际上，只要你下定决心，积极面对，主动出击，而不是消极等待，虽然可能会遭遇失败，但终究会抓到机会，交上好运。

第八章 RENSHENGJINGYAN

人生最大的痛苦是痴迷

有的事情，即使我们再努力，也不能得到满足。人人都知道爱迪生有句名言：“天才就是百分之九十九的汗水加百分之一的灵感”，可是下面还有一句更重要的话，那就是“但如果没有这百分之一的灵感，再多的汗水也没有用”。所以，无谓的固执不必坚持，懂得放下，明白人生错了方向，停止就是进步。

RENSHENGJINGYAN

过分执着非美事

成就大事的人大多有执著的毅力，但是他们懂得随势而动，绝不固执，该放手时就放手。而缺乏这种境界的人则过于执著，最终抱憾终身。

有个年轻美丽的女孩，出身豪门，家产丰厚，又多才多艺，日子过得很好，媒婆也快把她家的门槛给踩烂了，但她一直不想结婚，因为她觉得还没见到自己真正想要嫁的那个男孩。

有一天，她去一个庙会散心，在万千拥挤的人群中，看见了一个年轻的男人，不用多说什么，反正女孩觉得那个男人就是她苦苦等待的结果了。可惜，庙会太挤了，她无法走到那个男人的身边，就这样眼睁睁地看着那个男人消失在人群中。后来的两年里，女孩四处去寻找那个男人，但这人就像蒸发了一样，无影无踪。女孩每天都向佛祖祈祷，希望能再见到那个男人。她的诚心打动了佛祖，佛祖显灵了。

佛祖说："你想再看到那个男人吗？"

女孩说："是的！我只想再看他一眼！"

佛祖："你要放弃你现在的一切，包括爱你的家人和幸福的生活。"

女孩："我能放弃！"

佛祖："你还必须修炼五百年道行，才能见他一面。你不后悔？"

女孩："我不后悔！"

女孩变成了一块大石头，躺在荒郊野外，四百多年的风吹日晒，苦不堪言，但女孩都觉得没什么，难受的是这四百多年都没看到一个人，看不见一点点希望，这让她快崩溃了。最后一年，一个采石队来了，看中了她的巨大，把她凿成一块条石，运进了城里，他们正在建一座石桥，于是，女孩变成了石桥的护栏。就在石桥建成的第一天，女孩就看见了，那个她等了五百年的男人！他行色匆匆，像有什么急事，很快地从石桥的正中走过了，当然，他不会发觉有一块石头正目不转睛地望着他。男人又一次消失了。

佛祖再次出现，问女孩："你满意了吗？"

女孩："不！为什么？为什么我只是桥的护栏？如果我被铺在桥的正中，我就能碰到他了，我就能摸他一下！"

佛祖："你想摸他一下？那你还得修炼五百年！"

女孩："我愿意！"

佛祖："你吃了这么多苦，不后悔？"

女孩："不后悔！"

女孩变成了一棵大树，立在一条人来人往的官道上，这里每天都有很多人经过，女孩每天都在近处观望，但这更难受，因为无数次满怀希望地看见一个人走来，又无数次希望破灭。若不是有前五百年的修炼，相信女孩早就崩溃了！日子一天天地过去，女孩的心逐渐平静了，她知道，不到最后一天，他是不会出现的。又是一个五百年啊！最后一天，女孩知道他会来了，但她的心中竟然不再激动。来了！他来了！

他还是穿着他最喜欢的白色长衫，脸还是那么俊美，女孩痴痴地望着他。这一次，他没有急匆匆地走过，因为，天太热了。他注意到路边有一棵大树，那浓密的树荫很诱人，休息一下吧，他这样想。他走到大树脚下，靠着树根，微微地闭上了双眼，他睡着了。女孩摸到他了！他就靠在她的身边！但是，她无法告诉他，这千年的相思。她只有尽力把树荫聚集起来，为他挡住毒辣的阳光。千年的柔情啊！男人只是小睡了一刻，因为他还有事要办，他站起身来，拍拍长衫上的灰尘，在动身的前一刻，他回头看了看这棵大树，又微微地抚摸了一下树干，大概是为了感谢大树为他带来清凉吧。然后，他头也不回地走了！

就在他消失在她的视线的那一刻，佛祖又出现了。

佛祖："你是不是还想做他的妻子？那你还得修炼。"

女孩平静地打断了佛祖的话："我是很想，但是不必了。"

佛祖："哦？"

女孩："这样已经很好了，爱他，并不一定要做他的妻子。"

佛祖："哦！"

女孩："他现在的妻子也像我这样受过苦吗？"

佛祖微微地点点头。

女孩微微一笑："我也能做到的，但是不必了。"

就在这一刻，女孩发现佛祖微微地叹了一口气，或者是说，佛祖轻轻地松了一口气。

女孩有几分诧异："佛祖也有心事？"

佛祖的脸上绽开了一个笑容："因为这样很好，有个男孩可以少等一千年了，他为了能够看你一眼，已经修炼了两千年。"

对事情过分执着的人，是因为对问题分析得不够透彻，他们往往只看到问题的一小部分，而不看问题的全部，就匆匆下结论。

执着未必是一件好事，也未必是一件坏事，但是，过分执着肯定是一件坏事。

人生如果错了方向，停止就是进步

学会放弃一些目标，就是知道自己在摸到一手坏牌时，不要再希望这一盘是赢家，懂得撒手，不要再去浪费自己的精力。当然，在牌场上，有很多人在摸到一张臭牌时会对自己说，这盘肯定要输了，干脆不管它了，抽口烟、喝点水、歇口气，下盘接着来。但是，在真实生活中，像打牌时这般明智的，却很少找到。

选方向是有一定条件的，当你陷进泥塘时，就应及时地爬起来，远远地离开那里。有人说，这个谁不会啊！而事实上，不会的人多了。比如，一个不适合自己的企业，一堆被套牢的股票，一场“三角”或“多角”恋爱，或者难以实现的梦幻……

在这样的境遇里，你再怎么挣扎也无济于事，真正聪明的做法就是调整方向重新再来。而生活中不同的人在这样的泥塘里是怎样想的？他们会想，让人家看见我爬出来一身污泥多难为情呀；会想，或许这个泥塘是个宝坑呢；还会想，泥塘就泥塘，我认了，只要我不说，没人知道；甚至会想，就是泥塘也没关系，我是一朵荷花，亭亭玉立，可以出污泥而不染……

有这些想法的人只能证明他们自己是自欺欺人的傻瓜。

也许有人会说，这有什么不懂，谁也不是傻子。

不过在现实生活中确实有一些人在做着无谓的斗争与努力，就像是已经坐了反方向的公共汽车，还要求司机加快速度一样。有人劝他还是停止的好，重新去选择该走的方向。他振振有词，自己不愿意下车，还努力向售票员证明是他的错，是他没有阻止自己登上汽车，还努力说服司机改变行车路线，教育他跟着自己的正确路线前进；还因此下决心毁了这辆汽车，因为毁了一个错误也是件伟大的事业；于是说坚持坐到底，因为在999次失败后也许就是最后的成功……

人生道路上，我们常常被激昂而光彩的语汇弄昏了头，以不屈不挠、百折不回的精神坚持死不认输，从而输掉了自己！选对出击方向，这应该是最基本的用兵之道和生活常识，泥塘教过我们，蚊子和狗也教过我们，只是我们一离开这些老师，就不愿从上错了的车上走下来。

学会放弃一些目标，就是上错了公共汽车时，及时地下车，另外坐一辆车。其实，如果你从一辆坐错了的车上下来没有什么不好，因为，当你再次选择的时候，如果找到了自己的位子，远比朝着一个错误的方向一直走下去强很多。

在人生的道路上，我们随时都会碰上激流和险滩。如果我们低下头

来，看到的只会是险恶与绝望，在眩晕之中失去了生命的斗志，使自己坠入地狱。而我们若能抬起头来，看到的则是一片辽阔的天空，那是一个充满了希望并让我们飞翔的天地，我们便有信心用双手去构筑出一个属于自己的天堂。

选错方向是生活乐曲中不可缺少的音符，有了它，生活的乐曲才会抑扬顿挫，才会华美。英国的伟大诗人弥尔顿，最杰出的作品是在双目失明后完成的；德国的伟大音乐家贝多芬，最杰出的乐章是在他的听力丧失以后创作的；世界级小提琴家帕格尼尼，是个用苦难的琴弦把天籁之音演奏到极致的奇人。被称为“世界文化史上三大怪杰”的三个奇人，居然一个是瞎子，一个是聋子，一个是哑巴！他们之所以有那样的成就，正是因为他们有一颗平常心，处于逆境而不屈服。

不要再感叹自己的命运，命运向来都是公正的，在这方面失去了，就会在那方面得到补偿。当你感到遗憾失去的同时，可能有另一种意想不到的收获。但是，前提是你必须有正视现实，改变现实的毅力与勇气。

一位成功者说：苦难本是一条狗，生活中，它不经意就向我们扑来。如果我们畏惧、躲避，它就凶残地追着我们不放；如果我们直起身子，挥舞着拳头向它大声吆喝，它就只有夹着尾巴灰溜溜地逃走。只要你拥有对生命的热爱，苦难就永远而且只能是一条夹着尾巴的狗！

哈得森 23 岁时因车祸失去了左腿之后，他依靠一条腿精彩地生活，成为全世界跑得最快的独腿长跑运动员；30 岁时，厄运又至，他遭遇生命中的第二次车祸。从医院出来时，他已经彻底绝望——一个四肢瘫痪的男人还能干什么呢？

哈得森开始吸毒，醉生梦死，可是这不能拯救他。一个寂静的夜晚，痛苦的哈得森坐着轮椅来到阿里赛道，忽然想起自己曾在这里跑过马拉松。前路还远，生命还长，他就这样把自己放逐？不！他惊醒过来：“四肢瘫痪是无法改变的事实，我只能选择好好活下去！我才 33 岁，还有希望。”

哈得森坚定意志，开始了他的下一步人生。后来，他攻读了哲学博士学位，并且一直帮助困苦的人解决各种心理问题，以乐观的笑容，给那些逆境中的人们送上温暖和光明。

在一本名为《二十多岁的青年必须尝试的50件事》的书中，作者中谷章钊忠告日本20多岁的新生族们为了30岁时事业的成功，40岁时便能登上事业的巅峰，要从现在开始做一个“勇往直前、经历无数次失败而百折不挠的人”。他认为，为追求真正属于自己的生活而竭尽全力、饱尝辛酸和痛苦的人生才是美丽的人生。

人生失意之时，切莫自暴自弃，只看到失败，却听不到咫尺之遥成功正在向你大声呼喊，自己打败自己才是最彻底的失败。而在人生得意之时，切忌得意忘形，盲目乐观，而忘记了月满则亏的道理。当功成名就、显赫日盛之时，我们更需要从意气风发中清醒地退出，从辉煌趋于平淡。

一个人要想获得事业上的成功，首先要有方向，也就是奋斗目标，这是人生的起点。没有方向，就没有动力，但这个目标必须是合理的，即合乎实际情况和客观规律、合乎社会道德的。如果选错了方向，那么，即使你再有本事，付出千百倍的努力，也不会获得成功。这个时候，过度的坚持就会使你一败涂地，适时的放弃就是进步。

无谓的固执不必坚持

坚持是一种良好的品性，但在有些事上，过度的坚持，会导致更大的浪费。

有人认为：如果没有成功的希望，屡屡试验是愚蠢的、毫无益处的。物理上的永动机，就使很多人投入了毕生的精力，浪费了大量的人力物力。因此，在一些没有胜算把握和科学根据的前提下，应该见好就收，知难而退。

牛顿早年就是永动机的追随者。在进行了大量的实验之后，他很失望，但他很明智地退出了对永动机的研究，在力学中投入更大的精力。最终，许多永动机的研究者默默而终，而牛顿却因摆脱了无谓的研究，而在其他方面脱颖而出。

在人生的每一个关键时刻，审慎地运用智慧，做最正确的判断，选择正确的方向，同时别忘了及时检视选择的角度，适时调整。放掉无谓的固执，冷静地用开放的心胸做正确的抉择。每次正确无误的抉择将指引你走在通往成功的坦途上。

有的人失败，不是没有本事，而是选错了目标。成功者为避免失败，应时刻检查目标是否合乎实际，合乎道德。

阿尔弗莱德·福勒出身于贫苦的农民家庭，成年后，他虽然努力却接连失去了三份工作。之后，他尝试推销刷子，他立刻明白了，他喜欢这种工作。他将思想集中于从事世界上最好的销售工作。

他成了一个成功的销售员。在攀登成功的阶梯时，他又定下一个目标：创办自己的公司。如果他能经营买卖，这个目标就会十分适合他的个性。

阿尔弗莱德·福勒停止了为别人销售刷子。这时他比过去任何时候都更为兴高采烈。他在晚上制造自己的刷子，第二天就出售。销售额开始上升时，他就在一所旧棚房里租下一块空间，雇用一名助手，为他制造刷子。他本人则集中精力干销售。最终，那个最初接连失去了三份工作的人得到了什么样的结果呢？福勒制刷公司拥有几千名销售员和数百万美元的年收入！

一个人要想获得事业上的成功，首先要有目标，这是人生的起点。没有目标，就没有动力，但这个目标必须是合理的，即合乎实际情况和客观规律、合乎社会道德的，如果不是，那么，即使你再有本事，付出千百倍的努力，也不会获得成功。所以当你痴迷于一项事业却找不到成功的入口时，不妨停下来仔细看看方向是不是对了，否则无谓地坚持，只会浪费你的人生。

对不能补救的事，何不使自己知足

生活在世上，每个人的活法各不相同。面对同一个客观环境和自然条件，为什么有的人活得痛苦，有的人活得轻松呢？这其中，除了禀赋差异外，就是聪明人懂得调整个人与客观环境的关系，审时度势，超然处世，顺应自然。智者顺时而成功，愚者逆理而失败。

唐朝诗人刘禹锡，才富五车，诗名很大，为人爽直，但有时做人不够圆通，惹来不少麻烦。当时有项风俗，举子在考试前都要将自己的得意之作送给朝廷有名望的官员，请他们看后为自己说几句好话，以提高自己的声誉，称之为“行卷”。襄阳有位才子牛僧孺这年到京城赴试，便带着自己的得意之作，来见很有名望的刘禹锡。刘很客气地招待了他，听说他来行卷，便打开他的大作，毫不客气地当面修改他的文章，“飞笔涂窜其文”。

刘本是牛的前辈，又是当时文坛大家，亲自修改牛的文章，对牛创作水平的提高是有好处的。但牛僧孺是个非常自负的人，他从此便记恨于心了。后来，由于政治上的原因，刘禹锡仕途一直不很得意，到牛僧孺成为唐朝宰相时，刘还只是个小小的地方官。

次偶然的机会，刘禹锡与牛僧孺相遇在官道上，两个人便一起投店，喝酒畅谈。酒酣之际，牛写下一首诗，其中有“莫嫌恃酒轻言语，曾把文章谒后尘”之语，显然对当年刘禹锡当面改其大作一事耿耿于怀。刘见诗大惊，方悟前事，赶紧和诗一首，以示悔意，牛才解前怨。刘惊魂未定，后对弟子说：“我当年一心一意想扶植后人，谁料适得其反，差点惹来大祸，你们要以此为戒，不要好为人师。”

智者懂得，人生道路曲折多变，有些时候，对事物的发展只有“顺其自然”，“死生有命，富贵在天”，凡事不可强求。“顺其自然”，就是对世间的功名利禄、是非得失看得淡泊，不去执着追求，笑对毁誉。这也不失为一种糊涂。

人对待生活，如果能将自己与自然合二为一，顺应自然地度过人生，那就必定能达到人生无忧无虑的最高的“糊涂”境界。

不因执念而烦恼

唐代高僧寒山禅师所作的《蒸砂拟作饭》的诗偈：

蒸砂拟作饭，临渴始掘井。

用力磨碌砖，那堪将作镜。

佛说元平等，总有真如性。

但自审思量，不用闲争竞。

后人常以“磨砖成镜”，来比喻那些执着于无望事情的愚蠢行为。寒山禅师的诗中前四句连用“蒸砂做饭、临渴掘井”两个禅宗话头和“磨砖成镜”的譬喻，都指出参禅若寻不得途径，即便是有执着精神，也必然是南辕北辙、一事无成。

神赞和尚原来在福州大中寺学习，后来外出参访的时候遇见百丈禅师而开悟，随后又回到了原来的寺院。他的老师问：“你出去这段时间，取得什么成就没有？”神赞说：“没有。”之后，他还是照着以前的样子服侍师父，作些杂役。

有一次老师洗澡，神赞给他搓背的时候说：“大好的一座佛殿，可惜其中的佛像不够神圣。”见到老师回头看他，神赞又说：“虽然佛像不神圣，可是却能够放光！”

又有一天老师正在看佛经，有一只苍蝇一个劲儿地向纸窗上撞，试图从那里飞出去。神赞看到这一幕，禁不住做偈一首：“空门不肯出，投窗也太痴，百年钻故纸，何日出头时？”

他的老师放下手中佛经问道：“你外出参学期间到底遇到了什么高人，为什么你访学前后的见解差别如此之大？”神赞只好承认：“承蒙百丈和尚指点有所领悟，现在我回来是要报答老师您的恩情。”

神赞见到老师为书籍文字所困，不好意思直接点明，只好借助苍蝇的困境来指出老师的不足。文字语言都是一时一地的工具，事过境迁再执着于文字，就如同那只迷惑的苍蝇一样总是碰壁啦。

倘若一个人能够放下心中的那份执着、破除心里的固执念头，人生将会少许多烦恼、多些成功。相反，如果我们过于执着于那些本不该执着的事情，我们将会迷失更多的人生。

我们生活中的很多事情又何尝不是如此，明明走错了方向，却认识不到，固执地坚持，最终无所成就。曾经有一对大学恋人，彼此深恋着对方，后来却因为一件小事闹翻，分手了。毕业后天各一方，各自走过了一条坎坷的人生旅途，也难免怀念年轻时的那段恋情。一个偶然的机会，他们相聚了。他问她："那天晚上我来敲你的门，你为什么没有开?"她说："我在门后等你。""等我？等我干什么?""我在等你敲第十下才开门，可你只敲了九下就停下来了。"这个女人为这事后悔不已。她后悔自己过于执拗，她完全可以在他敲第九下的时候将门打开，或者在他离去的时候把他叫回来，为什么非要坚持等那第十下呢?

这段遗憾仅缘于女人过于执着那多出来的一次敲门而已。其实，人生有很多无谓的错过，有时是因为固执地坚持了不该坚持的。

人总喜欢给自己加上负荷，轻易不肯放下，自诩为"执着"。执着于名与利，执着于一份痛苦的爱，执着于幻想的美梦，执着于空想的追求。数年光阴逝去之后，我们才枉自嗟叹于人生的无为与空虚。

我们也常常自我勉励：想当科学家、一定成为诺贝尔奖的获得者、经营成一个亿万富翁等等。可是很多的时候，这些理想与追求反而成为一种负担，好像冥冥之中有人举着鞭子驱逐着我们，去追求这些我们可能永远也追逐不到的东西。

人生苦短，韶华易逝。选定目标就要锲而不舍，以求金石可镂。但如果目标不合适，或客观条件不允许，与其蹉跎岁月，徒劳无功，还不如干脆放下。或许放下那些宏大而美丽的理想，选择触手可及的目标时，局面反而会瞬间柳暗花明。

做人要知变通

有的人追求飞蛾扑火的壮烈，以为那是一种执着的美。扑火的一瞬间，飞蛾毅然决然，但终究还是化为灰烬。其实生活中我们会遇到很多难题，只有懂得变通才是最好的解决之道。

现代社会是个瞬息万变的世界，你永远不知道下一秒钟会发生什么变化，所以我们就必须具有临危不惧的头脑和以静制动的思想，不能随波逐流，飘摇不定。不过，我们也必须具备随机应变的能力和灵活作战的方式，只有这样才能不被淘汰。

人的一生少不了一种叫做执着的精神，或者说是一种信念，但是现实生活和世界的纷繁复杂和多变让我们意识到：其实机智灵活的变通往往比执着更能获得“完美”。

适时的变通往往需要一种灵活而又迅速的转变来挣脱规则的束缚，否则我们若一味地钻牛角尖，结果只能是陷入其中而不能自拔。所以，这就要求我们要真正地开阔思维，寻找多种渠道来解决问题。

一个林场主从父亲那里继承了大片的林场。每天驾车穿梭于林场中，他都万分欣喜地看着这些能给他带来大笔财富的森林。然而。一场无情的大火把一棵棵百年树木变成了焦木，他失魂落魄地走在街上，发现许多人排队购买木炭取暖。他灵机一动，把焦木加工成木炭销售，结果获得了大笔财产。

聪明的农场主在苦心经营的林场成为焦木时，没有盲目地执着种树，而是利用焦木获得大量财富。

变通能带来成功，转机能给人以新生。“变则通，通则久。”“历史是不断运动变化发展的，我们要用发展的观点看问题，使思想和实际相符合。”这是马克思的辩证法给我们的科学真理。

如果我们缺少了变通，一味地执着，或许我们也可称这种行为是蛮干，这种“执着”往往使人身陷困境并湮没于困境，对国家和社会生活也会造成不可估量的损失。

生命的长途中有平坦的大道也有崎岖的小路；有春光明媚万紫千红，也有寒风凛凛万木枯萎。在生命的寒冬里我们需要执着，然而当面前就是万丈深渊之时还固执前行就意味着死亡。而变通则会让你重获新生。

商鞅变法为秦统一奠定了基础；唐玄宗变法改革于是有了开元盛世；日本的明治维新使日本迅速发展。而清朝的闭关锁国、固步自封则使清朝严重落后于世界历史的潮流，造成中国沦为半殖民地半封建社会，大量财产被帝国主义侵占，书写了中国人民的屈辱史和血泪史。

因此，人的一生不能缺少执着，更不能缺少变通；只有突破思维的束缚，我们才能正确地看待和评价事物的是与非，才能在理想的道路上执着而又灵活平稳地前进。当我们真正地将“变通”和“执着”融合，真正获得思维的解放，或许我们会得到更多。

一个人需要变通来获得成功，一个企业需要变通来获得效益，一个民族需要变通来获得发展。变通就在你不经意的一瞬间，就在你明白它的时刻，会让你“山重水复疑无路，柳暗花明又一村”。

懂得放下

从古到今，芸芸众生都是忙碌不已，为衣食、为名利、为自己、为子孙……哪里有人肯静下心来思考一下：忙来忙去为什么？多少人是直到生命的终点才明白，自己的生命浪费太多在无用的方面，而如今却已没有时间和精力去体会生命的真谛了。唐代的寒山禅师针对这一现象作过一首《人生不满百》的诗：

人生不满百，常怀千岁忧。
自身病始可，又为子孙愁。
下视禾根土，上看桑树头。
秤锤落东海，到底始知休。

此诗可以这样解释："人生不满百，常怀千岁忧"，尽管人生非常短暂，但是人们却都抱着长远规划，全然忘记生命的脆弱；"自身病始可，又为子孙愁"，不仅应付自己的烦恼，还要为子孙后代的生活操劳；"下视禾根土，上看桑树头"，生命中劳劳碌碌都是为衣食生计奔波，哪里有时间停下来思考一下生命的意义；"秤锤落东海，到底始知休"，人生的轨迹就如同掉进水里的秤砣一样，直到碰到生命的尽头才会停止。

寒山禅师以此诗提醒世人："即刻放下便放下，欲觅了时无了时"。能放下的事情不妨放下，若是等待完全清闲再来修行，恐怕是永远找不到这样的机会啦。

人生往往如此：拥有的越多，烦恼也就越多。因为万事万物本来就随着因缘变化而变化，凡人却试图牢牢把握让它不变，于是烦恼无穷无尽。

倒不如尽量放下；烦恼自然会渐渐减少。话虽如此，又有谁能放下呢？

许多人都有贪得无厌的毛病，正因为贪多，反而不容易得到。结果患得患失，徒增压力、痛苦、沮丧、不安，一无所获，真是越想越得不到。

有个孩子把手伸进瓶子里掏糖果。他想多拿一些，于是抓了一大把，结果手被瓶口卡住，怎么也拿不出来。他急得直哭。

佛陀对他说：“看，你既不愿放下糖果，又不能把手拿出来，还是知足一点吧！少拿一些，这样拳头就小了，手就可以轻易地拿出来了。”

在生活中，要学会“得到”需要聪明的头脑，但要学会“放下”却需要勇气与智慧。普通的人只知道不断占有，却很少有人学会如何放下。于是占有金钱的为钱所累，得到感情的为情所累……佛家劝人们放下，不是要人们什么事情都不做，是说做过之后不要执着于事情的得失成败：钱是要赚的，但是赚了之后要用合适的途径把它花掉，而不是试图永远积攒；感情是应该付出的，不过不必要强求付出的感情一定得到回报，更何况什么天长地久。如果我们学会了“放下”的智慧，那么不仅会利于周围的人，更是从根本上解脱了我们自己。

佛陀在世的时候，有位婆罗门的贵族来看望他。婆罗门双手各拿一个花瓶，准备献给佛陀作礼物。

佛陀对婆罗门说：“放下。”

婆罗门就放下左手的花瓶。

佛陀又说："放下。"

于是婆罗门又放下右手的花瓶。

然而，佛陀仍旧对他说："放下。"

婆罗门茫然不解："尊敬的佛陀，我已经两手空空，你还要我放下什么？"

佛陀说："你虽然放下了花瓶，但是你内心并没有彻底地放下执着。只有当你放下对自我感观思虑的执着、放下对外在享受的执着，你才能够从生死的轮回之中解脱出来。"

在我们寻常人的眼里，世间的万法往往被认为是实有的，加之我们以固有的观念去看待世间的万物，因而在我们的主观的视角中便产生畸形的人生观，当作衡量世间一切事物的尺度，因而使我们深深地被是非、烦恼困扰住了。于是人生就平生起了许多的痛苦，而我们自身又无法摆脱这种痛苦的缠绕。

显然，我们要摆脱世间各种烦恼的缠缚，单纯地依靠世间的智慧，无疑是不可能实现的，有时我们还需要一种勇气、一种敢于"放下"的勇气。比方说我们对某些事"求不得"时，就会想尽一切办法去努力去争取实现其目的，而当这一目的被实现之后，新的欲求又将会接着产生，由是转而产生新的烦恼，如此则永无了期。此时此刻，如果我们心中能够产生一种"放下"的勇气，这个烦恼也就有了期限。

懂得"放下"，是一味开心果、是一味解烦丹、是一道欢喜禅。只要我们能够适时地"放下"，何愁没有快乐的春莺在啼鸣，何愁没有快乐的泉溪在流淌，何愁没有快乐的鲜花在绽放！

第九章 RENSHENGJINGYAN

人生最大的羞耻是献媚

献媚的人是可耻的，小人物献媚蒙羞一生，大人物献媚骂名千古，即使能得到一时风光，可难免被人讥笑趋炎附势、卑躬屈膝，何况还容易聪明反被聪明误，结果反丢了性命。还不如自尊做人，兢业办事，虽然不能大富大贵，可也无愧我生。

献媚者聪明反被聪明误

《二十四孝》里有个故事，说的是春秋时有个楚国人，叫老莱，自己已经70多岁了，老父老母还在世上。有一天，老莱娘看到儿子头发都白了，就感叹说："我的儿呀！你都老成这样了，我怕是也没几天活头了！"老莱听了，立即做了一套五彩斑斓的衣服，走路时也装着跳舞的样子，父母看了乐呵呵的。一天，他为父母取浆上堂，不小心跌了一跤。他害怕父母伤心，故意装作婴儿啼哭的声音，并在地上打滚。老爹老娘见儿子这幅傻样，笑了。

儿女侍奉爹娘，天公地道的事。但像老莱这样装疯卖傻，恐怕也太过了些。而如果做出这样的举止是为了取悦上司，献媚领导，那就难免称为无耻了。

武则天称帝后，忽然患病，下诏命令在全国遍祭神庙，为皇帝求福消灾。朝官阎朝隐到嵩山去进香祭祀，想出了一个借此献媚的新点子。他香汤沐浴后，穿着簇新的冠服，俯身伏在祭神用的俎盘上，亲身代替“牺牲”（古代指用于祭祀的牲畜，色纯为“牺”、体全为“牲”），还吩咐僧道抬着俎盘，奏起祭乐，自山下一直抬到山顶。附近百姓知道后都来观赏这头会说话的活牲畜，把道路都堵塞了。阎朝隐却不以为耻、反以为荣。这件“代牲”的事传到京师，武则天十分欣赏，认为阎朝隐是一片忠心，就重加赏赐，但朝臣却都嗤之以鼻。

献媚者，千姿百态，要达目的，必有绝技，最为常见的当数语言献媚。

一天，解缙陪明太祖朱元璋钓鱼。钓了老半天，皇帝还是钓不到一条，心中有些不爽。解缙当即献诗曰：“数尺丝纶入水中，金钩抛去永无踪。凡鱼不敢朝天子，万岁君王只钓龙。”凡人都知道，钓不到鱼无非是时运不济或技术不佳，然而经才子之口演绎，皇帝钓不到鱼却是因为隆威震慑凡鱼退避的结果。既化解钓不到鱼的窘迫，又戴上一顶高帽，于是龙颜大悦，解缙也因此背上献媚取宠的骂名。

献媚者，绝不只以语言取悦之，更有行动侍候。北齐时大奸臣和士开，权倾朝野，朝中无耻之徒纷纷拜认他为干爹，一时间干儿子数以百计。一次，和士开患病，医生告之：“王伤寒极重，进药无效，应服黄龙汤。”黄龙汤也就是大粪汤。这和士开一听说要让他喝大粪汤，顿时紧皱眉头，大有难色。这时，他的一位干儿子挺身而出：“大王不需疑惑，黄龙汤并不难喝，大王如果不信，请让我先喝一碗给大王看看吧。”说罢，端起一碗大粪汤咕咚咕咚便喝光了。这等下作的“献媚法”，真是令人作呕。

但是献媚者真的就因此飞黄腾达，受上司赏识了吗？事实上并非如此。

有一则故事颇耐人寻味。宋时秦桧的私人办事密室“一得阁”落成，广州守臣送来一卷地毯，大小尺寸竟分毫不差。这个地方官可谓马屁拍到家了。当接到那卷地毯时，聪明而狡猾的秦桧想到，他既然有本事如此精确地刺探到自己密室中的尺寸，刺探自己其他的秘密就不在话下了。没过多久，送地毯的人就被秦桧除掉了。

凡善献媚的人，大多是聪明绝顶的，但最终的结果并不美妙，可谓“聪明反被聪明误”，真是早知今日，何必当初。相信如果献媚者把聪明放到以实干求前程的正路上，结果会比趋炎附势更好。

吮痈舐痔人所恶

宋国有个叫曹商的人，被宋王派往秦国作使臣。他启程的时候，宋王送了几辆车给他作交通工具。曹商来到秦国后，对秦王百般献媚，千般讨好，终于博得了秦王的欢心，于是又赏给了他一百辆车。

曹商带着秦王赏的一百辆车返回宋国后，见到了庄子。他掩饰不住自己的得意之情，在庄子面前炫耀：“像你这样长年居住在偏僻狭窄的小巷深处，穷困潦倒，整天就是靠辛勤地编织草鞋来维持生计，使人饿得面黄肌瘦。这种困窘的日子，我曹商一天也过不下去！你再看看我吧，我这次奉命出使秦国，仅凭这张三寸不烂之舌，很快就赢得了拥有万辆军车之富的秦王的赏识，一下子就赐给了我新车一百辆。这才是我曹商的本事呀！”

庄子对曹商这种小人得志的狂态极为反感，他不屑一顾地回敬道：“我听说秦王在生病的时候召来了许多医生，对他们当面许诺：凡是能挑破粉刺排脓生肌的，赏车一辆；而愿意为其舐痔的，则赏车五辆。治病的部位愈下，所得的赏赐愈多。我想，你大概是用自己的舌头去舔过秦王的痔疮，而且是舔得十分尽心卖力的吧？不然，秦王怎么会赏给你这么多车呢？你这肮脏的东西，还是快点给我走远些吧！”

曹商用丧失尊严作代价去换取财富，不以为耻，反以为荣，他必然会招致庄子的痛斥。这则寓言对于社会上某些不择手段追逐名利之徒，也不失为一面警醒的明镜。

曹商舐痔招来的是庄子的痛斥，而邓通吮痈则把自己的后半生推向了痛苦的深渊。

邓通是蜀郡南安人，因善于划船当了黄头郎。汉文帝做梦想升天，不能上，有个黄头郎从背后推着他上了天，他回头看见那人衣衫的横腰部分，衣带在背后打了个结。梦醒后，文帝前往渐台，按梦中所见暗自寻找推他上天的黄头郎。果然看到邓通，他的衣带在身后打了个结，正是梦中所见的那人。文帝把他召来询问他的姓名，他姓邓名通，文帝喜欢他，一天比一天地更加尊重和宠爱他，赏赐他十多次，总共上亿的金钱，官职升到上大夫。文帝常常到邓通家玩耍。但是邓通没有别的什么才能，不能推荐贤士，只是自己处事谨慎，谄媚皇上而已。有一次，皇上让善于相面的人给邓通相面，那人相面以后说："邓通当贫饿而死。"文帝说："能使邓通富有的就是我，怎能说他会贫困呢?"于是文帝把蜀郡严道的铜山赐给了邓通，并给他自己铸钱的特权，从此"邓氏钱"流传全国。他的富有达到了这个程度。

文帝曾经得了痈疽病，邓通常为文帝吮吸脓血。一天，文帝闷闷不乐地问邓通："天下谁最爱我呢?"邓通说："应该没有谁比得上太子更爱你的了。"太子前来看望文帝病情，文帝让他给吮吸脓血，太子立马显露出难为情的样子。过后太子听说邓通常为文帝吮吸脓血，心里感到惭愧，也因此而怨恨邓通。等到文帝死去，汉景帝即位，邓通被免职，在家闲居。过了不久，有人告发邓通偷盗了境外的铸钱。景帝于是把邓通家的钱财全部没收充公，还欠好几亿钱。长公主赏赐邓通钱财，官吏就马上没收顶债，连一只簪子也不让邓通戴在身上。于是长公主就命令手下的人只借给邓通衣食的费用，竟使他不能占有一个钱，寄食在别人家里，直到死去。

热衷如此受虐或者说是自虐的，历史上也不乏其人。《吴越春秋》中记载越王勾践"拜请尝大王之溲（尿水）以决吉凶"，狠拍吴王马屁。勾践为了复国，这样做还情有可原，但多少让人恶心，但那些为了升官而吮痈舐痔的小人，只会让人恶心到呕吐不止。

献媚多小丑

公元690年，武则天登基，改国号为周，先前反对她称帝的人大多除官，这时她在群臣之中的威望已经不可动摇，即便有人上疏言事，也不再针对其是否应该做皇帝，而是谈论她如何才能更好地做皇帝的问题。这一类是国家的忠臣，是所谓一时英贤。但是，还有一类人，他们想趁江山易姓的机会，捞取政治资本，从而平步青云，彻底改变自己低下的地位。这是献媚取宠的投机分子。

郭霸，庐江人。天授二年十月，武则天下令去年派出的十道存抚使举荐人才，又下令凡是有官的人都可以自举。郭霸以宋州宁陵县丞的身份应举。召见时，郭霸对着武则天自陈忠鲠，显得很义愤地说："往年征讨徐敬业，臣愿抽其筋，食其肉，饮其血，绝其髓。"武则天当场任命他为左台监察御史，第二年连续提升为殿中侍御史和右台侍御史，时人号为"四其御史"。

当时，御史大夫魏元忠既受到武则天的重用，又是御史台的长官，由于卧病在家，各位御史全都前往探视。郭霸最后才去，他怕得罪魏元忠，就请求看看元忠的粪便来判断病之轻重。当魏元忠不明所以之际，郭霸已尝了一口，并嘻皮笑脸地说：“如果大夫的粪味甘，恐怕一时难愈。今味苦，很快就会好的。”刚直的魏元忠很讨厌这种小人行径，遇到人就讲述其事，“四其御史”尝粪的故事成为一时笑谈。

在审讯芳州刺史李思征等人的案件中，郭霸施用严刑酷罚，陷人于死地，因此被列入酷吏名单。传说他的命就是被李思征的亡灵索去的：圣历年间（698—700年）的某一天，他又见到李思征的亡灵来索命，退朝后急忙回家，命家人速请僧人转经设斋以驱鬼。僧人未到而李思征已带着数十骑人马来到其宅，对他说：“你陷害我，我今天来取你的狗命。”郭霸吓得无处躲藏，操起一把刀自剖其腹，一会儿就腐烂生蛆了。据说，附近的居民在这一天还真的看到有兵丁数十骑驻于郭宅门口，只是一会儿就消失了。

郭霸之死，成为老百姓拍手称快的好事。当武则天问群臣近来外间有何好事时，素喜滑稽的舍人张元一回答说：“有两件好事，一是毁坏已久的洛阳桥修葺完工，百姓大喜；一是郭霸已死，人人庆幸。”

武则天为了巩固自己的女皇地位，采取一些高压政策是必然的。一些正直的大臣即便在恐怖政治的气氛下，也能坚持自己认定的原则，不做有损于自己人格之事。但郭霸这些人，在专制女皇面前表现出奸猾、丑陋的本性，遭到世人的唾骂。真可谓乱世出英雄，恐怖时代多小丑！

卑躬屈膝，称儿太荒唐

石敬瑭，太原人，五代时后晋王朝的建立者，即后晋高祖。年轻时，石敬瑭冲锋陷阵，屡立战功，乱世中成为一方诸侯，受到后唐末帝的猜疑。石敬瑭不愿束手待毙，决意谋反，但力量稍弱，便求援契丹：请称臣，以父事契丹，约事捷之后，割卢龙一道及雁门关以北诸州与契丹。

称臣、割地、贡帛就足够丢人了，为什么还要称儿呢？石敬瑭也是有“理由”的：原来石敬瑭是明宗的女婿，明宗在世时曾与契丹皇帝耶律德光结拜为兄弟，这样一算，石敬瑭就比耶律德光低了一辈。其实，论年龄石敬瑭要比耶律德光大十一岁。石敬瑭为了换取一个“儿皇帝”的地位，不惜出卖国家利益，还甘心给别人当儿子，真是丧尽了人格和气节，这是千古受人唾骂的可耻行为！

契丹主耶律德光当时正好做了一个梦，梦见神人从天而下，说道：“石郎使人唤汝，宜速去！”他醒来后把这个梦告诉了母亲述律太后，但没有引起太后注意。等石敬瑭的使者来到，耶律德光看石敬瑭的表书后非常高兴，认为这是“天意”，便马上答应了石敬瑭的请求。

到了秋高气爽的九月，耶律德光按约亲自率领五万骑兵，号称三十万，杀气腾腾扑向晋阳。一场激战，解了石敬瑭之围。石敬瑭当即杀羊备酒，慰劳契丹兵士，并跑到耶律德光的营帐中，与耶律德光共叙父子之义，同时商定继续南下，进逼唐军。

为了争取契丹对自己的支持，石敬瑭百般奉承巴结耶律德光，不断向“父皇帝”表示自己的忠心。十月的天授节（契丹皇帝的生日），石敬瑭知道这是向主子献殷勤的大好时机，他一大早就领着妻子和全家老少，前往耶律德光的驻地，给“父皇”送礼祝寿。他还和妻子轮流为耶律德光斟酒助兴，以博得主子的欢心。经过一段时间的观察，耶律德光认为石敬瑭的确是一个忠实的奴才，才把石召到面前说道：“我率大军从千里之外赶来救你，此事必能成功。我看你的相貌和才能像个当皇帝的样子，所以打算立你为中原天子。”石敬瑭听了这番话，顿时心花怒放，又惊又喜。但为了掩人耳目，石敬瑭不得不假惺惺地推托、谦让了一番，又经过部下一阵“劝请”，石敬瑭装着不得已的样子答应下来。

清泰三年（公元936年）十一月的一天，耶律德光命人在晋阳城南修筑了一个土坛，在这里册封石敬瑭为大晋皇帝。为了显示“父皇帝”的恩德，耶律德光脱下自己身上的帝服，摘下头上戴的冠冕，一起赐给了石敬瑭。石敬瑭双手接过“父皇帝”的恩赐，视为珍宝，马上穿戴起来，举行登基仪式。即位以后，首先拜谢“父皇”，并保证兑现他过去所答应的条件。

穿上异族的帝服即位登基，在我国历史上所有的皇帝中，石敬瑭可谓独一无二，空前绝后了。

天福三年十一月，契丹改元会同，国号大辽。石敬瑭听说契丹改辽，赶紧派使者前往上辽尊号。这次带去的礼物非同一般，是一份极其珍贵的厚礼——幽、云十六州的图籍（地图和户口册）。这份厚礼，一是作为酬谢恩主的册封，二是向契丹改国号表示祝贺。耶律德光接到图籍，按捺不住心头的喜悦，立即调整了各州府官员，并把幽京改名为南京。十六州正式成了契丹的统治区域。把十六州的土地和人民尽数割与契丹，酿成了中原地区差不多三百年的外患，石敬瑭当是罪魁祸首！

石敬瑭卑躬屈膝，出卖民族利益，献媚异族，甚至拜他人为父，以此达到自己实现统治的目的，实在让人不齿，遭到臣民的唾弃。所以虽然石敬瑭建立了后晋政权，但帝位并不稳固。而且尽管石敬瑭卑屈地侍奉契丹，仍常遭到契丹的责备。天福七年石敬瑭忧郁而死，侄子石重贵继位，继续称孙不称臣，但契丹主还是驱兵南下，最终后晋灭于契丹，可见天道好还，早知今日，石敬瑭何必称儿献媚，不仅政权不保，还背负千秋骂名。

无人格的献媚无耻

北齐帝国是北朝后期的鲜卑化政权，因为高氏是军人起家，文治不足，诸帝大多昏庸，荒淫无耻。而上行下效，朝廷出现了一大批奸佞小人，和士开便是其中最有代表性的一个。

和士开有辱于燕赵多豪杰的古谚，他虽然出生在河北，却完全没有一点慷慨之气。他在自己的一生中除了谄媚与权力之外，大概再也没有热衷过别的事情了。

他的祖先是西域胡人，本来姓素和氏，来到中原做生意，后改为和氏。西域商胡大多惟利是图，禀性家传，和氏一门继承了这一点。他的父亲和安，是一个很善于观察和曲谄的人，在东魏做官到中书舍人，从一件小事上可以看出他的心计：东魏孝静帝曾在夜里和大臣们聚会讨论问题，命和安去看一下北斗斗柄所指的方向。北斗所指方向代表着皇位，当时高欢专制朝廷，有自己称帝之意，和安深谙这一点，因此，他故意回答说："臣不识北斗星。"很明显，这是阿谀高欢。果然，高欢听说这件事，就认为和安这个人才难得，任命他为黄门侍郎，后来又升他为仪州刺史。

和士开完全继承了家门的传统，极善阿谀奉承，比起他的父亲来有过之而无不及。他年幼时即聪明伶俐，反应机敏，同年龄的孩子都比不过他。北齐朝政的腐败，可以说为和士开大展拳脚提供了绝好的机会。

和士开一开始便投靠高欢第九子，即后来成为武成皇帝的高湛。天保元年（公元550年）高湛被封为长广王，任和士开为开府行参军。这年和士开27岁。

和士开很善于奉承献媚，曾经肉麻地吹捧高湛：“殿下非天人也，是天帝也。”高湛回答说：“卿非世人也，是世神也。”从此，主仆二人，如影相随，时刻不离，一直到高湛死。十四五年那么长时间内能够始终得到主子的宠幸，也可见和士开手段的高明了。

和士开诱君行乐，有一段“名传千古”的奸邪至极的言论，可以说是居历朝历代奸臣之首。他对高湛说：“自古帝王，尽为灰烬，尧舜，桀纣，竟复何异！陛下宜及少壮，恣意作乐，纵横行之，即是一日，快活敌千年。国事吩咐大臣，何虑不办，无为自勤苦也。”做臣属的，居然对君主说出如此的话来，而高湛对这些亡国丧邦的鬼话，不仅不感到恼怒或愤恨，反而乐意接受，并且果真去做，史称：“帝悦其言辞，弥加淫侈。”

和士开通过玩弄手腕，逢迎上意使自己地位不断高升。奸人自有奸人计，奸臣也大多有聪明的手段，这样才能“奸”下去。但是一生玩弄权谋的他，最终死于别人的圈套之中，正所谓玩火者必自焚。据说听闻和士开一死，洛阳全城欢腾，可见恶人终有恶报。

敢于顶撞皇帝的强项令

光武帝时，京都洛阳是全国最难治理的地方。聚居在城内的皇亲国戚、功臣显贵常常纵容自家的子弟和奴仆横行街市，无恶不作。朝廷接连换了几任洛阳令，还是控制不住局面。最后，光武帝刘秀百般无奈，决定任命年已 69 岁的董宣做洛阳令。董宣到任后，遇到的第一件棘手的难题，就是处理湖阳公主的家奴行凶杀人的案件。

湖阳公主是光武帝刘秀的姐姐。这位公主仗着自己和皇帝的姐弟关系，豢养着一帮凶狠的家奴，在京城里作威作福，为非作歹，横行无忌。

有一天，湖阳公主的家奴在街上杀了人，董宣立即下令逮捕他。可是，这个恶奴躲进湖阳公主的府第里不出来，地方官不能到这个禁地去搜捕，急得董宣寝食不安。没有别的好办法，董宣就派人监视湖阳公主的住宅，下令只要那个杀人犯一出来，就设法抓住他。

过了几天，湖阳公主以为新来的洛阳令只不过是故作姿态，虚张声势而已。于是有一天，湖阳公主带着这个杀人恶奴出行，在大街上被董宣派去的人发现。派去的小吏立即回来向董宣报告说，那个杀人犯陪乘公主的车马队伍走，无法下手。董宣一听，立即带人赶到城内的夏兰亭，拦住了公主的车马。湖阳公主坐在车上，看到这个拦路的白胡子老头如此无礼，便傲慢地问道："你是什么人？敢带人拦住我的车驾？"

董宣上前施礼，说："我是洛阳令董宣，请公主交出杀人犯！"

那个恶奴在马队里看到形势不妙，就赶紧爬进湖阳公主的车子里，躲在公主的身后。湖阳公主一听董宣向她要人，仰起脸，满不在乎地说："你有几个脑袋，敢拦住我的车马抓人？你的胆子也太大了吧？"可是，她万万没有料到，眼前这位小小的洛阳令竟然怒气冲天，双目圆睁，猛地从腰中拔出利剑向地下一划，厉声责问她身为皇亲，为什么不守国法？湖阳公主一下子被这凛然的气势镇住了，目瞪口呆，不知所措。

这时，董宣又义正词严地说："王子犯了法，也得与老百姓一样治罪，何况是你的一个家奴呢？我身为洛阳令，就要为洛阳的众百姓作主，绝不允许任何罪犯逍遥法外！"董宣一声喝令，洛阳府的吏卒一拥而上，把那个作恶多端、杀害无辜的凶犯从公主车上拖了下来，就地砍了脑袋。

湖阳公主感到自己蒙受了奇耻大辱，气得脸色发紫，浑身打颤。丢了个奴仆，她倒并不十分痛心，可是在这洛阳城的大街上丢了这么大的面子，怎么能咽下这口气！她顾不得和董宣争执，掉转车头，便直奔皇宫而去。

湖阳公主一见到刘秀，又是哭，又是闹，非让刘秀杀了董宣替她出这口恶气不可。光武帝听了姐姐的一番哭诉，不禁怒形于色。他感到董宣如此蔑视公主，这不等于也没把他这个皇帝放在眼里吗！想到这里，便喝道："快把那个董宣捉来，我要当着公主的面把他乱棍打死！"

董宣被捉来带上殿后，他对光武帝叩头说："请允许我先说一句话，然后再处死我吧！"光武帝十分恼怒，便说："你死到临头了，还有什么话说！"董宣这时声泪俱下，却又十分严肃地说："托陛下的圣明，才使汉室再次出现中兴的喜人局面。没想到今天却听任皇亲的家奴滥杀无辜，残害百姓！有人想使汉室江山长治久安，严肃法纪，抑制豪强，却要落得个乱棍打死的下场。我真不明白，你口口声声说要用文教和法律来治理国家，现在陛下的亲族在京城纵奴杀人，陛下不加管教，反而将按律执法的臣下置于死地，这国家的法律还有何用？陛下的江山还用什么办法治理？要我死容易，用不着棍棒捶打，我自寻一死就是了。"说着，便一头向旁边的殿柱上撞去，碰得满头满脸都是血。

光武帝不是个糊涂的君主，董宣那一番理直气壮的忠言，以及刚直不阿、严格执法的行动，深深地打动了他的心。他又惊又悔，赶紧令卫士把董宣扶住，给他包扎好伤口，然后说："念你为国家着想，朕就不再治你的罪了。不过，你总得给公主一点面子，给她磕个头，赔个不是呀！"董宣理直气壮地说："我没有错，也无礼可赔！因此，这个头不能磕！"

光武帝只好向两个小太监使了个眼色，示意他们把董宣搀扶到公主面前磕头谢罪。

两个小太监照办。这时，年近七十的董宣用两只胳膊支撑着地，硬着脖子，怎么也不肯磕头认罪。两个小黄门使劲往下按他的脖子，却怎么也按不动。

湖阳公主自知理亏，却仍耿耿于怀，不出这口气心里憋得慌，便又冷笑着问光武帝说："嘿嘿！文叔（光武帝的字）当老百姓的时候，常常在家里窝藏逃亡的罪犯，根本不把官府放在眼里。现在当了皇帝，怎么反而连个小小的洛阳令也不敢驾驭了呢？我真替你脸红！"

光武帝回答得也真妙。他笑着说："正因为我当了一国之君，才应该律己从严，严格执法，而不能像过去做平民时那样办事了。你说对不对呀？"

光武帝转过脸又对董宣说："你这个强项令，脖子可真够硬的，还不快点退下去！"

光武帝从心眼里喜欢董宣那股子执法如山，宁折不弯的虎气、牛劲儿。为了对他嘉奖和鼓励，他专门派人给董宣送去了30万赏钱。董宣把这一笔赏金全部分给了他手下的官吏和衙役。从此，"强项令"、"卧虎令"的威名传遍了全国，整个洛阳城的豪强、皇亲，没有一个不怯他的。经过治理，洛阳的社会秩序得到好转。据史书记载，当时洛阳有一句民谣说："枹鼓不鸣董少平。"枹鼓是官衙前的警鼓，少平是董宣的字。意思是说，董宣做洛阳令，没有人敢违法胡来，也就没有人去官府门前击鼓鸣冤了。

在等级森严的古代社会，强项令董宣能不惧皇权，不怕杀头而秉公执法、自尊做人、严格做事；到了现代，一些人为了讨好上司、逢迎领导而做出一些为错事唱赞歌的丑行。两相对比，可见献媚之耻。

尊严十足贵

一位作家说过：人的尊严是一种高度和一种重量，再不起眼的人有了这种高度这种重量，也能面对权贵不卑不亢；面对不义之财不馋不贪；面对不公之事不忍不避。一个人如果有了尊严，也就有了支撑生命的灵魂的骨架；一个民族如果有了尊严，那么这个民族就是一个充满希望的、不可战胜的民族。换言之，如果一个人丧失了尊严，那么这个人虽空有一副人的躯壳，其实活得与猪狗没有多大的差异；如果一个民族丧失了尊严，那么这就是一个没有希望的奴化和堕落的民族。

1995年的春天，珠海瑞进电子公司外籍老板金珍仙因为一件惹自己生气的小事，竟然无视员工的尊严，强迫所有的工人给她下跪。原因是工人师傅们在繁重的劳作中破天荒地获得了10分钟的休息，因而高兴得忘记了金老板定下的休息时排成4队离开车间的铁规矩。许多工人当时都不愿下跪，但金珍仙威胁说：谁不跪就叫全厂的中国工人跪一天。女翻译在翻译金老板的“命令”时，连那傲慢刁蛮的口气也给译出来了。工人们在金老板的淫威下一个个地被迫跪下了，只有一位名叫孙天帅的小伙子，始终铁骨铮铮地站着。黔驴技穷的金老板面对不跪的中国工人孙天帅，气急败坏地大吼：不跪就给我滚。孙天帅无所畏惧，毅然转身大踏步走了出去。在市劳动监察大队投诉金老板践踏中国工人的尊严、侮辱中国工人的人格事件时，孙天帅坚定地说：“当时我只有一个念头，死也不能下跪！因为我是一个有尊严，有人格的人！”

尊严是一个人支撑信仰与生命的骨架；尊严是一个民族永不屈服的铮铮铁骨，是人类走向文明，走向兴旺发达的希望和灵魂。做人不能没有尊严，犹如太阳不能没有炽热的光芒，江河不能没有豪迈的奔涌。一个民族只有人人都懂得维护别人的尊严、捍卫自己的尊严，这个民族也才会是一个充满希望的、永远打不倒的、不可战胜的民族。

女工与明星平等

一次，电影明星汉克斯将车开到检修站，一个女工接待了他。她熟练灵巧的双手和秀美的容貌一下子吸引了他。

整个巴黎都知道汉克斯，但这位姑娘却丝毫不表示惊异和兴奋。

“您喜欢看电影吗？”他禁不住问道。

“当然喜欢，我是个影迷。”

她手脚麻利，很快修好了车。这时她对汉克斯说：“您可以把车开走了，先生。”

汉克斯却依依不舍，他对姑娘说：“小姐，您可以陪我去兜兜风吗？”

“不！我还有工作。”

“这同样也是您的工作，您修的车，最好亲自检查一下。”

“好吧，是您开还是我开？”

“当然我开，是我邀请您的嘛。”

车行驶得很好。姑娘问道：“看来没有什么问题，请让我下车好吗？”

“怎么，您不想再陪陪我了。我再问您一遍，您喜欢看电影吗？”

“我回答过了，喜欢，而且是个影迷。”

“您不认识我？”

“怎么不认识，您一来我就认出您是影帝汉克斯先生。”

“既然如此，您为何这样冷淡？”

“不！您错了，我没有冷淡，只是没有像别的女孩子那样狂热。您有您的成就，我有我的工作。您来修车是我的顾客，如果您不再是明星了，再来修车，我也会一样地接待您。人与人之间不应该是这样的吗？”

这个女工并没有因为自己的客户是一个家喻户晓的电影明星就丧失了自我。每个人虽然在出生时就有了区别，有的富贵，有的贫穷，有的聪明，有的愚笨，有的高大，有的矮小，但在心灵上都是平等的，外在的地位、钱财都不是可以贬低或抬高自己身份的砝码，只有内心先自我尊重，才会获得他人的尊重。

不为五斗米折腰

公元399年，晋安帝在位的时候，会稽郡一带爆发了孙恩领导的农民起义。过了两年，起义军十几万逼近建康，东晋王朝出动北府兵，才把起义镇压下去。这时候，东晋的统治集团内部又乱了起来。桓温的儿子桓玄占领了长江上游，带兵攻进建康，废了晋安帝，自立为帝。过了三四个月，北府兵将领刘裕打败桓玄，迎晋安帝复位。打那以后，东晋王朝已经名存实亡了。

在这个动荡不安的年代里，在柴桑地方，有一个出名的诗人，名叫陶潜，又叫陶渊明，因为看不惯当时政治腐败，在家乡隐居。陶渊明的曾祖父是东晋名将陶侃，虽然做过大官，但不是士族大地主，到了陶渊明一代，家境已经很贫寒了。陶渊明从小喜欢读书，不想求官，家徒四壁，穷得常常揭不开锅，但他还是照样读书做诗，自得其乐。他的家门前有五株柳树，他给自己起个别号，叫五柳先生。

后来，陶渊明越来越穷了，靠自己耕种田地，也养不活一家老少。亲戚朋友劝他出去谋个一官半职，他没有办法只好答应了。当地官府听说陶渊明是个名将后代，又有文才，就推荐他在刘裕手下做了个参军。但是过不了多少日子，他就看出当时的将军们互相倾轧，心里很厌烦，就要求出去做个地方官。上司就把他派到彭泽当县令。

当时做个县令，官俸是不高的。陶渊明廉洁奉公，一不搜刮，二不贪污，日子过得问心无愧，可也并不富裕，但是比起他在柴桑家里过的穷日子，当然要好一些。再说，他觉得留在一个小县城里，没有什么官场应酬，也还比较自在。

有一天，郡里派了一名督邮到彭泽视察。县里的小吏听到这个消息，连忙向陶渊明报告。陶渊明正在他的内室里捻着胡子吟诗，一听到来了督邮，十分扫兴，只好勉强放下诗卷，准备跟小吏一起去见督邮。

小吏一看他身上穿的还是便服，吃惊地说："督邮来了，您该换上官服、束上带子去拜见才好，怎么能穿着便服去呢！"

陶渊明向来看不惯那些依官仗势、作威作福的督邮，一听小吏说还要穿起官服行拜见礼，更受不了这种屈辱。他叹了口气说："我可不愿为了这五斗米官俸，去向那号小人打躬作揖！"说完，他也不去见督邮，索性把身上的印绶解下来交给小吏，辞职不干了。

陶渊明回到柴桑老家，觉得这个乱糟糟的局面跟自己的志趣、理想距离得太远了。从那以后，他下决心隐居过日子，空下来就写了许多诗歌文章，来抒发自己的心情。在官场不能一展抱负的陶渊明反而在文学领域成为一代大师，成为千百年文人心中的田园隐逸圣人。

人活一世，如白驹过隙，只求过个舒心日子，为了金钱、权利、名誉而献媚上司，丧失了真正触动自我内心的价值，待到白了少年头时，幡然悔悟，这是一个怎样的悲剧啊！还不如学陶渊明一般拒绝献媚，不为五斗米折腰，转身离开，而投身自己的兴趣所在，成就属于自己的人生。

第十章 RENSHENGJINGYAN

人生最大的烦恼是名利

名利乃身外之物却最能累人。凡是把名利看得很重的人，必将被其所困扰。沉迷于一时名利，人们就难免看不清更好的前途，也容易因此犯错误；而舍得眼前的诱惑，反而能得到最后的辉煌，不拘于物才是大智慧。

若能一切随他去，便是世间自在人

有的人因为对“有”的认识不足，总是在有所得的心态下生活，对于人生的一切似乎都能令他们生起执着。比如在日常生活中，他们会执着地位、执着财富、执着事业、执着信仰、执着情感、执着家庭、执着生存的环境、执着拥有的知识、执着人际关系、执着自身的见解、执着技能所长等。由于执着的关系，我们对人生的一切都产生了强烈的占有、恋恋不舍的心态，执着给我们的人生带来了种种烦恼。

在唐朝有位叫懒瓒的禅者，由于他修行上的造诣远近闻名，连皇上都想见一见他。有一天，皇上派了使者来请他，此时禅师正在山洞中烤芋头吃，使者宣读了皇上的圣旨，禅师睬也不睬。时值冬天天气很冷，禅师冻得流着鼻涕，使者见状，劝禅师擦去鼻涕，禅师说：“我没有工夫给俗人揩鼻涕。”禅师有首写照自己生活的诗，可见他的潇洒自在。

世事悠悠，不如山丘。
青松蔽日，碧涧长流。
山云当幕，夜月为钩。
卧藤萝下，块石枕头。
不朝天子，岂羡王侯。
生死无虑，更复何忧。
水月无形，我常只宁。
万法皆尔，本自无生。
兀然无事坐，春来草自青。

禅者隐居山林之中，面对青山绿水，一瓶一钵，了无牵挂，对于他们来说，生死都已不成问题了，还有什么可以值得他们操心的呢?

佛陀时代，有一位跋提王子，在山林里参佛打坐，不知不觉中他喊出了："快乐啊！快乐啊！"佛陀听到了就问他："什么事让你这么快乐呢?"跋提王子说："想我当时在王宫中时，日夜为行政事务操劳，处理复杂的人际关系，时常又要担心自身的性命安全，虽住在高墙深院的王宫里，穿的是绫罗锦缎，吃的是山珍海味，多少卫兵日夜保护着我，但我总是感到恐惧不安，吃不香睡不好。现在出家参佛了，心情没有任何的负担，每天都在法喜中度过，无论走到哪里都觉得自在。"

一个人拥有了财富，他会害怕财富的失去，想法子如何保存它；拥有地位，害怕别人窥视他的权位；穿上一件漂亮的衣服，怕弄脏了；谈恋爱，害怕失恋；拥有娇妻，害怕被别人拐去或跟谁跑了；黑夜走路，害怕被别人暗算；在大众场合说话，害怕说错了丢面子……总之，对拥有的执着牵挂，使得我们终日生活在恐怖之中。觉悟者看破了世间的是非、得失、荣辱，无牵无挂，自然不会有任何恐怖。就像死亡这样大的事，在世人看来是最为可怕的，而禅者却也一样自在洒脱。

唐朝的德普禅师在他临死之前，把所有的门徒全召齐了，问大家："我死了以后你们准备怎样对待我啊?"弟子们立刻表示："我们会以丰盛的果物来祭拜，开追悼会，写挽联。"禅师说："我死了，你们祭我、拜我，我又看不到，不如趁我现在活着，举行这些仪式，让我开心以后再死，好不好?"弟子们听了面面相觑，但又不敢违师命，于是布置灵堂，准备了珍馐美味，写祭文，举行隆重的祭拜仪式，禅师吃饱看足了，很高兴，对弟子们嘉奖一番，悠悠坐化。

对于荣辱，禅者更不会介意。

日本有位白隐禅师，德行很高。他有一个开绸布店的信徒，信徒有个女儿，和一位青年私下相爱，还没出嫁肚子就一天天地突出了。做父亲的很生气，逼问女儿到底是谁造的孽。女儿怕说出男朋友会被父亲打死，她想到了父亲平常最尊敬白隐禅师，于是就说是白隐禅师的。父亲一听气得要命，就拿了木棒，不分青红皂白把禅师痛打了一顿，禅师也没有辩解。

后来此女生了孩子，扔给禅师，禅师又像保姆一样，四处乞求奶汁喂养小孩，到处遭受辱骂与耻笑，禅师一点都不在意，只希望把小孩带大。

在此之前，小姐的男朋友早已吓得跑到他乡去了，过了好几年才回到家乡，知道了这里发生的一切，就找到了小姐，说："我们怎么可以这样让禅师受辱呢？真是罪过。"于是向小姐的父母说明真相。全家去向禅师道歉，禅师一点也不感到委屈，只简单地说："小孩是你们的，那你们就抱回去吧。"

种种欲望导致人生的各种祸患，因此，《心经》中告诉我们：从照见五蕴皆空认识到一切都如梦幻泡影，不住我相、人相、众生相、寿者相，不住色、声、香、味、触、法相，无智无得，心无牵挂，这些欲望也就不能扰乱我们的心境，我们的人生也就自由了。

平常心看待声名

公元前638年，宋国军队与强大的楚军在泓水遭遇，双方准备大战。宋军先赶到一步，已摆开阵势，楚军正在忙忙乱乱渡河。这时，宋国的右司马子鱼一见，这是一个克敌制胜的好机会，就向宋襄公建议说："楚国军队比我们多，两军相比，楚强我弱。现在趁楚军渡河之际，抓住战机，发起猛攻，我们能以少胜多，楚军必败。"

一向信奉儒家教义，讲究"仁义之师"的宋襄公摆了摆手，就滔滔不绝地讲述起儒家礼仪："不能这么做！我听说讲道德的仁人君子不杀害受伤的人，不抓老者，不乘人之危，置人于死地。楚军还未列好队，我们就打过去，这是违背仁义啊！我不能背上不仁不义的罪名。"

说话间，只见楚国兵马接连登上陆地，但还没有完全摆好阵势，子鱼再次苦谏：“大王啊，您要为老百姓想，不要顾那些所谓的‘仁义’了，要不然会误国的!”宋襄公一听，更是火冒三丈，大声地斥责道：“滚回去，若再多嘴，我就要按军法问罪。”

直到楚军渡过河，列好阵势，做好了准备，宋襄公才下令擂鼓出击，结果宋襄公这套“蠢猪式的战法”，使宋军遭到惨败，宋襄公自己屁股上也挨了一箭，不到3天就一命呜呼。

宋襄公为了赢得“仁义”的名声而失去了有利的战机，结果葬送了自己的军队，自己也送了命，教训不可谓不深。人们有时非要做一些不该做的蠢事，明明知道前面是陷阱，可是偏偏要往里跳，就是因为太在意面子，怕别人说三道四，把自己看低了，或者过于看重自己的“身份”，把它摆在比小命还重要的位置上，结果在“名声”、“身份”面前昏了头，做出蠢事。

在美国，一位华侨富翁开了一家规模不算小的饭店，还有一个不大的旅馆。因年事已高，饭店交给儿子经营，他自己则经营纽约第48街那个不大的旅馆。旅馆是栋老建筑，客人不是很多，他仅雇用了两个帮手，自己和帮手一块干。

说来也令人难以置信，一个腰缠万贯的老富翁，竟然在这栋老建筑里干着看门扫地接送客人和收款记账这类乱七八糟的杂活儿。对他的景况有人表示惊异，但他也对某些人的惊异表示惊异：“不干这个我干什么？人总得工作呀!”在他看来，拥有财富是一回事，生活方式是另一回事，人的价值首先体现在工作上，体现在你还有用、还能做一些事情上。

围棋中有一术语：平常心。所谓平常心，指的是无论面对什么样的比赛，都应该以平日下棋的心情对待之，这样棋就能下好。反之，过于兴奋，高度紧张，把一盘棋的输赢看得过重，怕输掉这盘棋，栽了面子，坏了名声，以至于心理失衡，结果总是事与愿违，该赢的棋，也会下输。

棋理与人生的道理是相通的。面对名声，我们也应该保持一颗“平常心”。用平常心包装自己的形象，显得不卑不亢，是最适于自己生存的。

我们曾耳闻目睹过一些令人敬佩的大名人，其对名声之淡泊，有时要比平常人还具有平常心。学贯中西、闻名四海的大学者钱钟书，从来都是拒绝报刊电台等新闻媒介的采访。一位外国记者到中国拜访他，钱钟书拒绝说：“你知道有颗鸡蛋好吃就行了。何必非要见一见那只下蛋的鸡呢?”不因名累，宠辱不惊，安之若素，永远保持着常人的本色，这是一代名人的活法，是他们对待名声的一种态度。

由此看来，名声，相对于生命本质并无太多意义，不过是种外在的东西，名声有与无、得与失并非人生的关键，关键是你到底是名声的主人还是奴隶，在生命中是你支配它还是它支配你。以一种“平常心”看待名声，对于一切，你都可能会很坦然。有名，你是你，无名，你还是你。始终保持朴素实在的做人的本色，实实在在、真真切切、从从容容走你的人生之路，这该是多么轻松惬意!

保持平常心是一种人生境界。它不是消极地让人不思进取，无所作为，不是宣扬万物皆空劝人遁世，而是希望我们对生命意义的把握进入一种更高的哲学层次。拥有“平常心”，便能充分调动发挥生命的潜质，使生命更加灿烂地放射出原有的光华。

保持“平常心”，是自信的表现，也是训练和培养的结果。不仅对名声而言，假如在人生的各个方面，我们都能培养出这种素质，那我们将受益无穷。

舍得是一种投资

为人处世，如果过于苛求于每一件小事，必会影响到大事的顺利进行；如果过分珍惜一点小的利益，同样也会损失较大的利益。舍得放弃一些小的利益，才能谋求到更大的利益。

旧时，在长州有三个典当铺。尤翁就是其中一家当铺掌柜的。某年年底的一天，尤翁忽听门外一片喧闹声，出门一看，是位邻舍。当职的伙计上前对尤翁说：“他将衣服压了钱，今天空手来取，不给他就破口大骂，有这样不讲理的吗？”那人仍气势汹汹，不肯认错。

尤翁从容地对他说：“我明白你的意图，不过是为度年关。这种小事，值得一争吗？”于是命店员找出典物，共有衣物四五件。尤翁指着棉袄说：“这件衣服抗寒不能少。”又指着马褂说：“这件给你拜年用，其他东西现在不急用，可以留在这儿。”那人拿了两件衣服，欲言又止立刻离去了。

谁料，当天夜里，他竟死在别人家里。原来此人因负债多，知道尤家富贵，想以死来敲笔钱，结果一无所获，就转投到另外一家。

有人问尤翁，为什么能预先知情而容忍他，尤翁回答：“凡无理来挑衅的人，一定有原因。如果在小事上不忍耐，那么灾祸就会立刻到来了。”人们听了这话很佩服他的见识。

如果尤翁不在小事上忍耐，反而会因小失大，“赔了夫人又折兵”。如果将眼光只局限在眼前的丁点儿利益上，就会丧失更多利益。生活中要谨记的是“切莫贪小便宜吃大亏”。

战国后期，越国北部经常受到匈奴等一些少数民族小国的骚扰，边境不宁。赵王派大将李牧镇守北部门户雁门。李牧上任后，先是没有大举进攻匈奴而是日日杀牛宰羊，犒赏将士。匈奴摸不清底细，也不敢贸然进犯。李牧加紧训练部队，养精蓄锐，几年后，兵强马壮，士气高昂。公元前250年，李牧准备出击匈奴。他以保护边寨牧民放牧为由先派少数士兵与敌骑交手。李牧的士兵与敌骑交手后假装败退，丢下一些人和牲畜。匈奴人占得便宜，得胜而归。匈奴单于心想，李牧从来不敢出城征战，果然是一个不堪一击的胆小之徒，于是亲率大军直逼雁门。李牧料到敌骑已经上当，于是严阵以待，兵分三路，给匈奴单于准备了一个大口袋。匈奴军轻敌冒进，被李牧分割几处，逐个围歼。单于兵败，落荒而逃。

李牧用小小的损失，换得了全局的胜利，真可谓是“李代桃僵”。文献的原文是“势必有损，损阴以益阳”。今天的意思是当局势发展到损失不可避免的时候，应舍得小的损失而保全大局。

“李代桃僵”常常是以很小的损失，去换取更大的利益，现在已被人灵活运用在商业上。一些企业为了眼前利益，大量制造、倾销低次产品，把自己很响的牌子砸了，这无异于杀鸡取卵，只有愚人才会这样做。

1987年6月19日，四川绵阳市个体户石万春，当众把一批价值1020元的假劣香烟、奶粉销毁，对于他来说虽然损失了1020元，但他不出售伪劣商品的行为，为他赢得了信誉，赢得了社会赞许，这是比金钱更宝贵的。

在两军对峙时，在政治舞台上，在商业竞争中，获得全胜往往很难，有时我们不得不付出一定的代价或做出一定的牺牲。通常我们要遵循“两利相攻取其重，两害相权取其轻”的原则，不要因小失大。可见，舍得也是一种高明的投资。

贪欲是隐形“杀手”

欲望每个人或多或少都会存在，然而，一旦有了实现欲望的机会，能否以道德压制欲望，战胜贪念，就是一个人成功与失败的分水岭。

有欲则会想方设法去追求，苦苦追寻不得就会徒生烦恼。古往今来有多少贪财好名之徒为此而断送了前程、断送了性命。清朝乾隆年间的宠臣和珅是世上最有名的贪官，据说，他的家产总计等于大清朝十五年的国库收支。然而这么一位大贪官在自缢前却写下了一首感悟诗：

夜色明如水，嗟尔困不伸。百年原是梦，卅载枉劳神。室暗难挨算，墙高不见春。星辰环冷月，累绁泣孤臣。对景伤前事，怀才误此身。余生料无几，辜负九重仁。

古人言，“人之将死，其言也善”。这是大贪官和珅在狱中所写的一首绝笔诗，诗中“对景伤前事，怀才误此身”二句，堪称神来之笔。观和珅绝笔诗，何止是“善”，其悟也深啊！只可惜欲望害了他，他醒悟得太迟了。

顾恺之是南北朝时宋国吴郡太守，由于他政治清简，风节严峻，故素为人们所敬重。

一天，他的一位朋友来看望他，告诉他说：“你的儿子顾绰，这些年来，不择手段地收积了许多钱财。而且，他还在外放债，收取高利也不择手段。如不加管束，怕是会愈演愈烈啊！”

送走了友人，顾恺之叫来了儿子顾绰。他让顾绰把装满了债券的箱子打开，他仔细看了看，没有假。他直起腰来，突然大声呼唤道：“侍从过来！”

几个侍从跑了过来。顾恺之让他们将一箱子债券抬到院子中，点起一堆火，然后忽将全部债券投入火中。

将债券烧后，顾恺之又对侍从说：“传言乡里有借顾绰债的，一笔勾销，不用还了！”远近乡里，那些借债的、没借债的，听到这个消息，无不赞扬顾恺之严于律己，严于教子，清廉公正的品格。

财富是人类文明发展的象征，追求财富、拥有财富并不是人性的弱点，关键是获取财富的途径。

有道是：君子爱财，取之有道。通过自己的智慧和能力挣来的财富，是一个人的光荣，如果利用权力贪污受贿得来的财富那就触犯了刑律。顾恺之的儿子顾绰通过放高利贷的办法去获取财富，是不仁不义的行为。坐拥不义财，离灾祸已经不远。顾恺之毕竟是饱经风霜，深明世故，他设计烧毁了儿子的债券，表面看令儿子失去了一些财产，但从长远看，是切断了儿子生命中的隐患，实乃明智之举。

清心寡欲处世之人，视钱财与功名如外物，不会被欲望所左右，他们能够自由支配人生命运，享受无欲而获得的怡然之乐。

东晋时，吴隐之经旧邻韩康伯的推荐，开始出任“辅国功曹”，随后官职不断升迁，并历任卫将军主簿、晋陵太守、左卫将军、广州刺史、太常、中领军等职。然而他却没让生活随着他官职的升迁而奢华，依然过着清贫的日子。

下属们都有些不解，有人曾经问他，“你寒窗苦读，有了今天的地位却不想改善自己的生活，你不觉得有点吃亏吗？”

吴隐之则说：“一个人读书做官如果只为了贪取富贵，他的人生理想就十分低俗，人生也就无味了。读书做官对这些人而言便是件坏事，是促其堕落的平台，又有什么值得称道呢？我不想成为这种人。”

吴隐之每月领到俸禄，第一件事便是接济贫穷的亲友和乡邻。他的家人起初并不赞成，常常责备他：“你不贪不占，这在做官的人中已是很难得。我们家也不富裕，倘若再将辛苦所得的俸禄白白送给别人，当官还不如做百姓呢！”

吴隐之为了让家人理解自己，耐心做他们的工作，劝诫他们说：“戒除贪心不是件容易的事，这需要时时刻刻地努力。我也担心自己一旦富裕起来，就开始追求享受了，现在清苦一些是好事啊!”

吴隐之清廉有德，朝廷对他屡有褒奖，十分信任。当富庶的广州地区的官吏贪污丑闻不断时，朝廷任命吴隐之为广州刺史，在当时来说就是广州地区的最高官员。吴隐之到广州上任之后，不负众望，严惩了一大批贪官污吏和不法商人，使当地习俗日趋淳朴，官吏奉公守法。

吴隐之之所以能够做到不贪、受人尊重，这很大的功劳应记在他有一颗无欲之心上。无欲之人，不会因为贫穷而办鸡鸣狗盗之事，更不会因为富贵而变得奢靡起来；无欲之人，不会因为无权而献媚于人前，更不会因为有钱而鱼肉百姓、聚敛财富。

我们常常被欲望缠身，被欲望搅得吃睡不香。人生短短几十年，谁能没有些想法呢？谁又不希望自己活得更舒服些呢？于是，欲望把我们支配得如无头苍蝇般乱转，让我们的身心都疲惫不堪，却很难有所得。无欲而怡然，我们缺少的就是一种淡泊明志的心怀、老僧入定的境界。试着去探寻这种境界，找回属于我们的那份怡然生活。

舍弃眼前的诱惑才有最后的辉煌

在人的一生中，会经常遇到要为顾全大局而牺牲局部的情况。我们必须不断地权衡轻重得失，以决定牺牲的分量和等级。

为了工作，我们可以牺牲娱乐；为了孩子，我们可以牺牲睡眠；为了保全生命，我们可以抛弃身外之物。但是当我们遇到比生命更宝贵的事物时，则不得不牺牲生命。如果不懂得这一道理，后果将是不堪设想的。

1846 年 10 月，多纳尔家族一行 87 人在前往加州的路上被大雪阻隔，他们被困在关口里。40 天后，有一半的人陆续死于饥饿和疾病。

最后，终于有两个人决定出去求援。他们很快就到达了一个村庄，并带回一个救援队，使其他幸存者得以获救。

你是否觉得好奇，在面临饥饿和死亡的状态下，他们为什么要等待 40 天，才决定放弃那个地方？为什么没有人愿意冒险出去求援？原因很简单——他们不愿意放弃身边的财产。

他们曾试图把马车和财物拖走，结果搞得筋疲力尽却徒劳无功，只好作罢。就这样任由大雪围困在关口，直到耗尽所有的食物和供给。

想想看，我们是否也经常陷入这种“关卡”呢？由于害怕失去既有的社会地位、丰厚的收入、漂亮的办公室以及握在手中的权力，多少人放弃了新工作的挑战，宁可守着一份并不喜欢的工作，虚度数十年的光阴。当你的生命越是往前走，你就聚积越多的包袱和负担——财产、名位、习惯、人际关系、应该做的、必须做的……不断地增加，于是更加依恋这熟悉的一切，舍不得放下。由于害怕失去拥有的一切，多少人不愿意冒险、恐惧突破，不敢离开那种一成不变的生活，以致平凡无趣地走完一生。

这也就是为什么有那么多人宁可留在熟悉的地狱，也不愿走进陌生的天堂；为何有那么多人把自己困在无形的牢笼内，而无法走出生命中的“多纳尔关口”的原因。

现代医学证明，吃太饱、喝太足会让人萎靡不振。至于那些整日贪图享受的人，肠肥脑满，没有了向上的动力，又如何能有所作为呢？

上世纪六七十年代，经济萧条，日本局势风雨飘摇，偏偏这时，东芝公司高层的某些人不思进取，整日困于酒食，饱食终日，业绩一落千丈。高层的行为影响全公司，整个东芝顿时弥漫着一股奢靡腐朽的死亡气息。

董事长土光敏夫决心改革东芝，他的主要手段便是“撤其酒食”，强行命令下属戒掉贪图享受、不思进取的恶劣风气。如此雷厉风行，东芝才又慢慢走上正轨。

此事非常值得中国企业与企业家借鉴，很多人在赚了一笔小钱后马上就去挥霍享受，完全一副暴发户的没出息样子。不改掉这一恶习，必无大成就。

不义而富贵于我如浮云

论语中，子曰：“饭疏食，饮水，曲肱而枕之，乐亦在其中矣。不义而富且贵，于我如浮云。”表达了孔子吃粗粮，喝冷水，弯着胳膊做枕头，也是乐在其中的旷达精神。对于那些不义之财，在孔子看来就好像浮云一样。

古代的圣人，追求的是天人合一的境界，追求心的祥和、恬淡、宁静和怡然自得，即使他们处在困境中的时候，内心仍然是快乐的。因为在他们看来，所谓身外的财富，并不能带来内心的快乐。就像德国哲学家康德所说，人应该敬畏的东西有两个，一个是头顶的星空，一个则是内心的道德法则。圣人之所以能够把不义之财视若浮云，漠然处之而无动于衷，并不是因为粗茶淡饭本身能给人幸福，而是因为困境不能改变心中的快乐。

富与贵虽是人之所欲，但“不以其道得之，不处也”。孔子的“不义而富且贵，于我如浮云”这句话实际上指出了君子在义利取舍问题上应有

的态度，即决定取与舍必须遵循义的原则，不义的东西君子不应获取，一言以蔽之，就是“非义不取”。

有因就有果，万事皆有因果报应。做人应有做人的准则和规范，以善为本、以诚为本、以义为本、以德为本才是做人的根本。

《红楼梦》中甄士隐曾资助过穷儒贾雨村。贾进京中了进士，又升任知府，旋即因贪污侮上被革职，到林如海家做私塾教师。林如海妻亡故，遂起意让女儿黛玉进京依附外祖母，又得知雨村欲图谋复职，遂修荐书让内史贾政为之周全，并让雨村随黛玉进京。雨村补授了应天府知府后，即碰到薛蟠为争夺甄香莲而打死香莲情夫冯公子的案子，甄香莲是甄士隐的女儿，雨村不思报恩，乱判此案，致使香莲父女永隔，有家难回，客死薛家。贾府有恩于贾雨村，但当贾、宁二府遭受查抄时，贾雨村当时地位已高，不但不从中保全，反而巴结贾府政敌，煽风点火，助纣为虐，落井下石。但是，贾雨村最后也在宦海中沉沦，被撤职监禁，身陷囹圄。

大千世界有万种诱惑，刺激人的感官，诱发人的欲望，惑乱人的情志。浅薄之人往往见猎心喜，见异思迁，如进宝山，不甘空手而返，终至意乱情迷，乐而忘返，以至丧失真我，甚或罹祸殒身。反不如心胸恬淡，追求思想道德的崇高，降低一份欲望，获得一份幸福。

不为欲望遮望眼

《佛说生经》上说：一切世间的欲望，没有一个人不想满足。这些有着非常大的危害，为什么还要自找伤害？大大小小的河流，大都流归大海。欲望不能满足，贪爱没有止境。

是啊，欲望像越滚越大的雪球，蛊惑着人们拼命向前。那个向前通向幸福吗？幸福的标准又是什么呢？有许多人都不知道。人们的心灵被欲望占据久了，都有些麻木了。

有一个从事房地产的年轻人，经过自己几年的打拼，在本地已小有名气。他每天的生活就像上足劲的发条一样，被传真、资料、甲方以及各种方案充塞得满满的。

一天，他加班到很晚，从公司出来后，走了很远的路也没有叫到车。走得热了，他停下来，解开领带，仰头出了口气。这时，他吃惊地看见星星在丝绒般的夜幕中闪烁着，洋溢着一种无言的美丽。一如他大学毕业前的最后一晚，几个要好的同学躺在学校图书馆前的草坪上看到的那样。那一晚，他们深深被血脉中扩张的青春激动着，广袤的星空与未来的前途一片光明。从那以后，他几乎再也没有时间去注视过夜晚的星空了。因为从他走入社会，就一直保持着弯腰向前奔跑的姿势。太忙了，欲望总在膨胀，目标总在前方，于是他不停地向前奔跑着……

每个夜晚的这个时刻，他多半在应酬或是在作楼盘计划和方案，他从没有想过哪怕透过一扇小窗，去望望宁静的夜空，倾听心灵一些细小的声音。

今天，当自己站在这静谧的星空下，他突然想起以前上大学时读过的一位日本餐饮业巨头总结的成功之道：在其连锁店中能提供给顾客的，永远是 17 厘米厚的汉堡与 4℃的可乐。据研究人员研究发现，这是令客人感觉最佳的口感。当然，你也可以选择把汉堡做成 20 厘米厚，把可乐加热到 10℃，但它们并不意味着最佳口感。

对于幸福，其实也只要 17 厘米和 4℃就够了。幸福，它是一路上持续发生的，就如深夜静谧而美丽的星空所带给人的震撼，而非那个令人疲惫的终极雪球。

幸福到底是什么？许多人都在问，其实得到幸福很简单。听一听自己内心的声音，扔掉那些对自己来说十分奢侈的梦想和追求，那么，你就被幸福包围了。

有位著名的心理学家说："一个人体会幸福的感觉不仅与现实有关，还与自己的期望值紧密相连。如果期望值大于现实值，人们就会失望；反之，就会高兴。"的确，在同样的现实面前，由于期望值不一样，你的心情、体会就会产生差异。

一只老猫见到一只小猫在追逐自己的尾巴，便问道："你为什么要追自己的尾巴呢？"小猫回答说："我听说，对于一只猫来说，最为美好的便是幸福，而这个幸福就是我的尾巴。所以，我正在追逐它，一旦我捉住了我的尾巴，便会得到幸福。"

老猫说："我的孩子，我也曾考虑过宇宙间的各种问题，我也曾认为幸福就是我的尾巴。但是，我现在已经发现，每当我追逐自己的尾巴时，它总是一躲再躲，而当我着手做自己的事情时，它却形影不离地伴随着我。”

同样道理，在现实生活中，人们总是喜欢拼命地追求、索取，以为这样便可以得到幸福，殊不知，当你费尽心机地实现了这个目标，消除了一个烦恼，很快你又会有新的没有实现的目标，你又会有新的烦恼。如此反复，永无尽头。事实上，人们追求的东西往往是自己并不需要的。

成龙拍完《我是谁》这部大片之后，在一次采访中说，他拍电影的场地从非洲到繁华的都市，有着很深的感触。他说：“在非洲，人们很容易满足，有面包能吃饱肚子，那就是幸福的一天。可是，繁华都市里的人，不用担心三餐，却有着很多的烦恼，他们总是在追求自己所不需要的东西。”

其实，追求幸福最有效率的方法就是“降低你的欲望”。通过心理调节，使自己能够平静地对待目标，从而减轻或消除心理负担，幸福也就会悄然而至。在世界上所有获得幸福的途径中，这种方法的投入产出比最高，它基本上不用你花一分钱，有时甚至能省钱。

一位智者说：“人生不同的结果起源于不同的心态。”的确，假如世界变得灰暗，那是你自己心中不够灿烂。只要降低一份欲望，你便会得到一份幸福。

不拘于物才是大智慧

有个商人娶了四个老婆：第一个老婆伶俐可爱，像影子一样陪在他身边；第二个老婆是他抢来的，美丽而让人羡慕；第三个老婆，为他打理日常琐事，不让他为生活操心；第四个老婆，整天都在忙，但他不知道她在

忙什么。

商人要出远门，因旅途辛苦，他问哪一个老婆愿意陪伴自己。

第一个老婆说："我不陪你，你自己去吧！"

第二个老婆说："是你把我抢来的，我也不去！"

第三个老婆说："我无法忍受风餐露宿之苦，我最多送你到城郊！"

第四个老婆说："无论你到了哪里我都会跟着你，因为你是我的主人。"

商人听了四个老婆的话颇有感叹："关键时刻还是第四个老婆好！"于是他就带着第四个老婆开始了他的长途跋涉。

第一个老婆指的是肉体，人死后肉体要与自己分开；

第二个老婆是指金钱，许多人为了金钱辛劳一辈子，死后却分文不带，无非是水中捞月；

第三个老婆是指自己的妻子，生前相依为命，死后还是要分开；

第四个老婆是指个人的天性，你可以不在乎它，但它会永远在乎你，无论你是贫还是富，它永远不会背叛你。

如果有一个地方，能让我们心安，能让我们抛却浮躁，那不正是我们理想的栖息地吗？我们又何必刻意地去寻找呢？一片生机盎然的花圃，一座巍巍葱茏的大山，一场密密匝匝的冬雪，一本泛着墨香的书卷，都可以成为我们自由的栖息地，都可以容纳我们放逐的心灵和漂泊的意志。

要想自由地栖居，必须耐得住寂寞，放得下繁华。如果心恋浮华，不舍喧嚣，是不会得到心灵的安顿的。这就好比一个人，终日汲汲于富贵，切切于名禄，桎梏于外物，他又怎么可能出离尘世而追寻幽独？又好比是一匹马，如果被拴上了车套，他只有一味地卖力奔驰，哪还会有机会停下来思索自己的生命呢？

要有自己自由的栖息地，就不要受拘于外物。因为外物总是短暂而容易腐朽的，只有生命的灵魂才是永恒。我们又怎能让短暂的腐朽来妨害对于永恒的生命的思索呢？

穷人和富翁在湖边晒太阳。富翁问穷人：“你为什么不去租条船，搞海运呢？”

穷人问：“然后呢？”

“然后就可以做大买卖赚很多钱。”

“再然后呢？”

“你就可以买条船，创立自己的商队。”

“接着呢？”

“接着你就发财了，成了和我一样的富翁。”

“成为富翁又如何呢？”

“可以悠闲地在湖边晒太阳。”

“我现在不正在悠闲地晒太阳吗？”穷人最后说道。

不拘于物是一门哲学，需要有大智慧，需要懂得放下。智慧会让我们生活得快乐充实；放下会让我们生活得轻松无羁。不要顾忌舍弃而拒绝简单的生活，那样的话，你将不堪重负，顾虑重重，心力交瘁，六神无主……

有的人对生命有太多的苛求，弄得自己生活在筋疲力尽之中，从没体味过幸福和欣慰的滋味，生命也因此局促匆忙，忧虑和恐惧时常伴随，一辈子实在是糟糕至极。需知月圆月亏皆有定数，岂是人力所能改变的？不如放下，给生命一份从容，给自己一片坦然。你要知道，错过了太阳，不是还有浩渺的繁星在等待吗？

人生一切痛苦的根源，就是对于外物的追求和执着。超越外物，就是超越自我。无物也就是无我，自己的心境也就不会随着外物的变化迁移而波动，也就不会陷入“进亦忧，退亦忧”的境地。不拘于物，才能造就真实的自我。

第十一章 RENSHENGJINGYAN

人生最大的悲哀是嫉妒

看到他人有超过自己的能力，有好于自己的前途，人人都难免生出嫉妒心，自控能力差的人设圈套陷阱，结果最终害人害己。而道德情操高尚的人则将嫉妒心转为上进心，努力向比自己强的人学习，与之结交，并期待超越他们，如此共同进步，这才是面对强者的最佳方式。

嫉妒是心灵的陷阱

老张是位老员工，业务过硬，为人也忠诚可靠，但由于不会“来事儿”，多年来一直未能得到重用。看着一些比自己资历浅，能力也未必在自己之上的人，凭着擅长领会领导意图、溜须拍马，在职场青云直上，老张的心里颇为愤懑，时常对同事发一些牢骚。

而小梅刚刚毕业，看着同办公室的小媚凭着漂亮脸蛋和一张会说话的小嘴，把主任哄得天天眉开眼笑，醋意大增，时常背后说些风凉话：“有什么了不起，看她都快成主任的‘小蜜’了。”

很多人都曾有过和老张、小梅类似的经历。多数人遇上这样的事情，虽然心里不满，但能顺其自然，不过分计较，也有的人则会对此耿耿于怀，或者直接找领导去辩理，或和他看不惯的人吵架，或者悄悄地用心计，和自己的“假想敌”争宠，勾心斗角。也有的人则把对“假想敌”和领导的不满长期压抑在心里，一个人生闷气，甚至因此闷出病来。这些情况都可以称为是“职场嫉妒症”。

嫉妒，从某种意义上来说，是人类的一种普遍的情绪。现代社会是一个崇尚成功的社会，然而在激烈的竞争当中，有人成功，就必然有人失败。失败之后所产生的由羞愧、愤怒和怨恨等组成的复杂情感就是嫉妒。

忌妒的特点是：针对性——与自己有联系的人；对等性——往往是和自己职业、层次、年龄相似而超过自己的人；潜隐性——大多数忌妒心理潜伏较深，体现行为时较为隐秘。

嫉妒常常会导致中伤别人、怨恨别人、诋毁别人等消极的行为。嫉妒往往是和心胸狭隘、缺乏修养联系在一起的。心胸狭隘的人会因一些微不足道的小事而产生嫉妒心理，别人任何比他强的方面都成了他嫉妒的缘起。缺乏修养的人会将嫉妒心理转化成消极的嫉妒行为，严重地破坏人际关系。

西班牙作家赛万提斯指出：“忌妒者总是用望远镜观察一切。在望远镜中，小物体变大，矮个子变成巨人，疑点变成事实。”忌妒是对与自己有联系的、而强过自己的人的一种不服、不悦、失落、仇视，甚至带有某种破坏性的危险情感，是通过把自己与他人进行对比，而产生的一种消极心态。当看到与自己有某种联系的人取得了比自己优越的地位或成绩时，便产生一种嫉恨心理；当对方面临或陷入灾难时，就隔岸观火，幸灾乐祸；甚至借助造谣、中伤、刁难、穿小鞋等手段贬低他人，安慰自己。正如黑格尔所说：“有忌妒心的人自己不能完成伟大事业，便尽量去低估他人的伟大，贬低他人的伟大性使之与他本人相齐。”因此有必要对其进行克服。

为了缓解自己的失败带来的心理上的不平衡感，可以找一些理由，使自己不再嫉妒别人。可以说“我的运气不太好而已”，“这样的成功没有什么价值”，以此排解心中不满，避免产生嫉妒。这种方法只是权宜之计，不能过分使用，否则可能又会产生其他消极的心理障碍。

一个人在嫉妒别人时，总是注意到别人的优点，却不能注意自己比别人强的地方。其实任何人都有不如别人的地方，当别人在某些方面超过我们时，我们可以有意识地想一想自己比对方强的地方，这样就会使自己失衡的心理天平重新恢复到平衡的状态。

总之，对别人产生了嫉妒并不可怕，关键要看你能不能正视嫉妒。如果能把嫉妒转化为成功的动力，化消极为积极，往往会使你赶上甚至超过别人。这一切都取决于你自己。

正因为嫉妒产生的消极作用，所以我们要努力地克服它。当我们有很多事情要做时，我们就无暇去嫉妒别人。因此，积极参与各种有益的活动，努力学习，勤奋工作，使自己真正充实起来，那么，嫉妒的毒素就不会滋生、蔓延。

走出心灵误区，克服嫉妒

小A与小B是某艺术院校大三的学生，同在一个宿舍生活。入学不久，两个人就成了形影不离的好朋友。小A活泼开朗，小B性格内向，沉默寡言。小B逐渐觉得自己像一只丑小鸭，而小A却像一位美丽的公主，心里很不是滋味。她认为小A处处都比自己强，把风头占尽，于是时常以冷眼对小A。大学三年级，小A参加了学院组织的服装设计大赛，并得了一等奖。小B得知这一消息先是痛不欲生，而后妒火中烧，趁小A不在宿舍之机将小A的参赛作品撕成碎片，扔在她的床上。小A发现后，不知道怎样对待小B，更想不通为什么自己要遭受这样的对待。

小A与小B从形影不离到反目为仇的变化令人十分惋惜。引起这场悲剧的根源，关键是两个字——嫉妒。

嫉妒心理是一种损人害己的病态心理，严重影响自己的身心健康，那么如何克服呢？

（1）认清嫉妒的危害

嫉妒不仅打击别人，也会伤害自己、贻误自己。遭到别人嫉妒的人自然是痛苦的，而嫉妒别人的人一方面影响了自己的身心健康，另一方面由于整日沉溺在对别人的嫉妒之中，没有充沛的精力去思考如何提高自己，恰恰又继续贻误了自己的前途，可以说害处多多。认清这些是走出嫉妒误区的第一步。

（2）克服自私心理

嫉妒是个人心理结构中“我”的位置过于膨胀的具体表现。总怕别人比自己强，对自己不利。因此，要根除嫉妒心理，首先要根除这种心态的“营养基”——自私。只有驱除私心杂念，拓宽自己的心胸，才能正确地看待别人，即常说的“心底无私天地宽”。

（3）正确认知

客观公正地评价别人，也要客观公正地评价自己。别人取得了成绩并不等于自己的失败，“人贵有自知之明”。强烈的进取心是人们成功的巨大动力，但冠军只有一个，尺有所短，寸有所长，一个人不可能事事都走在人前，争强好胜不一定就能超越别人。一个人只要客观地认识自己的优势和劣势，现实地衡量自己的才能，为自己找到一个恰当的位置，就可能避免嫉妒心理的产生。

（4）将心比心

将心比心是老百姓常说的一句俗语，在心理学上叫“感情移人”。当嫉妒之火燃烧时不妨设身处地地为对方着想，扪心自问，“假如我是对方又该如何呢?”运用心理移位法，可以让自己体验对方的情感，有利于理解别人，有利于防止不良的心理状态的蔓延，这是避免嫉妒心理行之有效的办法之一。

（5）提高自己

嫉妒的起因就是看不惯别人比自己强。如果能集中精力，不断地学习、探索，使自己的知识、技能、身心素质不断得到提高，那么，也可以减少嫉妒的诱因。而且，丰富多彩的课余生活将自己的闲暇时间填得满满的，自然也就减少了“无是生非”的机会，这也是克服嫉妒心理最根本的方法之一。

（6）完善个性因素

大凡嫉妒心理很强的人，都是心胸狭窄、多疑多虑、自卑、内向、心理失衡、个性心理素质不良的人。努力完善自己的个性因素，提高自己的心理素质，以健康的心态面对生活。

（7）树立正确的竞争意识

以公平、合理为基础的竞争是向上的动力，对手之间可以互相取彼所长，共同进步；还必须建立正确的竞争意识。

嫉妒是人类心灵的一大误区，祝愿所有的朋友自觉克服嫉妒心理，走出心灵误区，成为身心健康的栋梁之才。

容忍他人强过自己，忍妒祛忌

妒忌之心人皆有之。就一般人而言，总是愿意大家彼此差不多，你好我也好，否则就会是“枪打出头鸟”。古人云“木秀于林，风必摧之”，所以要是谁在哪一方面出人头地，便往往会受到人们的攻击、嘲讽、指责，更有甚者可能给你使绊子。可以说妒忌是人世间一种非常有害的心理，它可以使妒忌者自己形成一种非常低下、丑陋的心态，使妒忌者走向一条狭窄的人生道路，也使受妒者受到极大的伤害。

《战国策·楚策四》和《韩非子·内储说下》记述了楚王夫人郑袖妒害美人而采取的掩鼻之计。魏王给楚王送来一位美人，楚王非常喜爱。夫人郑袖顺承楚王之意，也很喜欢新来的美人，她为美人购来衣服玩好，备下宫室卧具，一任美人选择，其喜爱美人的程度超过了楚王。楚王知道郑袖不嫉妒美人，很感激她。

这时，郑袖对美人说："大王很喜欢你的漂亮容颜，但不喜欢你的鼻子，你以后见了大王，就用手掩住自己的鼻子。"美人照郑袖说的办了。楚王见美人一到自己跟前就掩鼻子，就向郑袖询问原因，郑袖遮遮掩掩地回答不知道。楚王一再逼问，郑袖回答说："不久前她曾说大王身上有臭味，她闻见难受。"楚王听了非常生气。次日，楚王又召郑袖、美人三人同坐，郑袖事先告诫楚王身旁的人说："大王今天如有命令，必须立即执行。"三人坐下后，楚王让美人靠前，美人又遮掩了鼻子，楚王勃然大怒，下令割掉美人的鼻子，身旁持刀人立即执行了命令。

郑袖先以讨大王更为欢心的名义诱骗美人掩鼻，然后又向楚王另说一套，诬陷美人掩鼻是遮

掩楚王臭味。在郑袖的引诱煽动下，美人和楚王对掩鼻各有了不同的理解，美人为讨楚王欢心，每见楚王辄掩鼻，楚王则将掩鼻看成是对自我尊严的严重伤害。可以想像，没有鼻子的美人再也难得楚王宠爱，郑袖除掉情敌的图谋可谓是暗箭难防。

日常生活、工作中这种妒忌却又是无时不有，无处不在。朋友之间，同学之间，甚而兄弟姐妹之间，也都会出现妒忌现象。由于每个人所处的社会环境、家庭环境不同，所获得社会和他人对你的认同也相应不同。人在一起工作生活，自然要相互攀比，而妒忌也就是通过比较，看到他人的卓越之处、成功之处，而使自己产生了羡慕、烦恼和痛苦，于是对别人的才能、地位、名誉优越于自己而产生了怨恨。

对任何人讲忍受别人的长处，克制自己的妒忌心态，并不是一件轻而易举的事情。看到别人比自己强，心中自然不平衡、不舒服，尤其是此时再遇到一些不顺利的情况，那就不仅仅是妒忌了，甚而有些人为此付出昂贵的代价，以不正当的手段去打击别人，自己也同样受害不浅。所以妒忌心要忍。忍妒忌不是不承认别人的优点、业绩，而是要正确地认识他人的成绩，不自卑、不自满。正确地评价他人，评价自我，从而克制和避免妒忌心的形成。

妒忌他人是无能的表现，也是可悲的，正常地发挥自己的才能，容忍他人强过自己，努力提高自己的水平，不怕别人妒忌，也不去妒忌他人，这是忍妒祛忌的好方法。

放下嫉妒，轻松平和

佛经上有一则故事——摩伽陀国有一位国王饲养了一群象。象群中，有一头象长得很特殊，全身白皙，毛柔细光滑。后来，国王将这头象交给一位驯象师照顾。这位驯象师不只照顾它的生活起居，也很用心教它。这头白象十分聪明、善解人意，过了一段时间之后，他们已建立了良好的默契。

有一年，这个国家举行一个大庆典。国王打算骑白象去观礼，于是驯象师将白象清洗、装扮了一番，在它的背上披上一条白毯子后，才交给国王。

国王就在一些官员的陪同下，骑着白象进城看庆典。由于这头白象实在太漂亮了，民众都围拢过来，一边赞叹、一边高喊着："象王！象王！"这时，骑在象背上的国王，觉得所有的光彩都被这头白象抢走了，心里十分生气、嫉妒。他很快地绕了一圈后，就不悦地返回王宫。一入王宫，他就问驯象师："这头白象，有没有什么特殊的技艺？"

驯象师问国王："不知道国王您指的是哪方面？"

国王说："它能不能在悬崖边展现它的技艺呢？"

驯象师说："应该可以。"

国王就说："好。那明天就让它在波罗奈国和摩伽陀国相邻的悬崖上表演。"

隔天，驯象师依约把白象带到那处悬崖。国王说："这头白象能以三只脚站立在悬崖边吗？"驯象师说："这简单。"他骑上象背，对白象说："来，用三只脚站立。"果然，白象立刻就缩起一只脚。

国王又说："它能两脚悬空，只用两脚站立吗？""可以。"驯象师就叫

它缩起两只脚，白象很听话地照做。

国王接着又说："它能不能三脚悬空，只用一脚站立？"驯象师一听，明白国王存心要置白象于死地，就对白象说："你这次要小心一点，缩起三只脚，用一只脚站立。"白象也很谨慎地照做。围观的民众看了，热烈地为白象鼓掌、喝彩！

国王愈看心里愈不平衡，就对驯象师说："它能把后脚也缩起，全身悬空吗？"

这时，驯象师悄悄地对白象说："国王存心要你的命，我们在这里会很危险。你就腾空飞到对面的悬崖吧？"不可思议的是这头白象竟然真的把后脚悬空飞起来，载着驯象师飞越悬崖，进入波罗奈国。

波罗奈国的人民看到白象飞来，全城都欢呼了起来。国王很高兴地问驯象师："你从哪儿来？为何会骑着白象来到我的国家？"驯象师便将经过一一告诉国王。国王听完之后，叹道："人为何要嫉妒一头象呢？"

人生在世，一定要有一颗平静和睦的心，切不可心怀嫉妒。俗话说："己欲立而立人，己欲达而达人"。别人有所成就，我们不要心存嫉妒，应该要平静地看待别人所取得的成功，这是拥有幸福人生的秘诀。

另外，何必总巴望别人不如自己呢？一个人的能力毕竟有限，更何况长江后浪推前浪，谁能拥有永久的辉煌？嫉妒非但于事无补，还会让人看出道德水平的低下。所以，我们不如以泰然的心情和坦荡的情怀，心平气和地接受自己在某些方面确实不如别人的现实，用一种平和、学习、欣赏的态度去看待别人的长处，让自己活得轻松一点、开心一点。

嫉妒者自食苦果

两只老鹰，一只飞得快，一只飞得慢，那只飞得慢的就很嫉妒那只飞得快的。

一次，飞得慢的老鹰对一个猎人说："前面有只老鹰飞得很快，你能射死它吗?"

猎人说："可以，只是我的箭上缺少一根羽毛，请拔下你身上的一根。"

老鹰就拔下一根让猎人射，但未射中。猎人说："还得再拔一根。"

老鹰说："好。"便又拔了一根，然而猎人又未射中。这样，一支一支地射去，鹰毛一根一根地拔下。飞得慢的老鹰把羽毛拔完了，猎人也没射中飞得快的老鹰；见没希望了，它便想飞离，可怎么也飞不起来了。结果，它自己成了猎人的猎物。

从心理学角度分析，嫉妒是一种病态心理。当看到别人在某些方面高于自己（有时候仅是一种似乎的感觉）或顺利时，于是产生一种由羡慕转为恼怒忌恨的情感状态。

嫉妒的范围是很广的，包括嫉人、嫉事、嫉物。手段也多种多样，有的挖空心思采用流言蜚语进行恶意中伤，有的付诸于手段卑劣的行动。报纸上曾经刊载过这么一则消息：有个女人嫉妒人家的一个男孩长得好，竟然将那男孩掐死扔进井里。当然，这是极端嫉妒者的典型。

嫉妒是心灵的地狱，是笼罩在人生道路上的乌云，总是以恨人开始，以害己告终。

嫉妒的人总是拿别人的优点来折磨自己，无端生出许多怨恨，自寻烦恼。正如巴尔扎克所说：“嫉妒者比任何不幸的人更为痛苦，别人的幸福和他自己的不幸，都将使他痛苦万分。”

大千世界，五彩缤纷，存在着生长嫉妒的土地与温床；人口众多，形形色色，从涉世不深的年轻人到历经坎坷的老年人，深受嫉妒心理之害并不少见。嫉妒破坏友谊、损害团结，给他人带来损失和痛苦，既贻害自己的心灵又殃及自己的身体健康。因此，必须坚决、彻底地与嫉妒心理告别。要根除嫉妒心理并非易事。在别人优于却不损害自己时，又有谁愿意产生毫无意义的痛苦反应呢？又有谁能够轻易摆脱嫉妒呢？即使你充分论证了嫉妒的错误性，即使你下了最大的决心，尽了最大的努力……结果总是令人失望。这是因为嫉妒是一种本能的情绪反应，理性和意志在它面前往往无能为力。

但是，这并不是说我们在嫉妒面前就束手无策。嫉妒心理产生的根源是极端个人主义思想在作祟。有极端个人主义思想的人，一事当前，先替自己打算，对个人利益斤斤计较；自崇心理强烈，老子天下第一，习惯于贬低别人，容不得他人有超前的现实；心胸狭窄，心境阴暗，很多思想都是见不得人的。

嫉妒产生的另一个原因是某种事实平衡被打破。所以，只要我们重建新的事实平衡，作为失衡心态的嫉妒就会失去存在的基础。培根说过："每一个埋头沉入自己事业的人，是没有功夫去嫉妒别人的，能享有它的只能是闲人"。他所说的"埋头沉入自己事业"，也就是积极进取，发展自己的事业，取得不亚于嫉妒对象的成功，从而建立新的事实平衡，这也许是根除嫉妒最为正确的途径。

治病治本，医治嫉妒心理必须认清嫉妒的危害，从克服极端个人主义思想入手，加强伦理道德修养，学会在感情的激流中驾驭理智的风帆，心胸豁达，待人以诚，从根子上断除导病之源。

鸟飞翔在天空，鱼遨游在海底，它们有各自的空间。鸟不嫉妒鱼的海底世界，是因为它有自己的蓝天白云，鱼不嫉妒鸟的蓝天白云，是因为它有自己的海底世界。当你有了自己的精彩天地，还会嫉妒别人的美妙世界吗？告别嫉妒心理吧，莫让它伤害他人、损害社会、贻害自己的身心健康。

不妒忌人，也要注意避免被人妒

妒忌是一种不健康的心理，是消极的情感表现。我们要避免妒忌他人，也要注意不被他人妒忌。其实在许多成人中也有不同程度的嫉妒心，不过大多数成人能在产生嫉妒时借助丰富的生活经验，做出正确的判断，从而理智地控制自己的情感。但也有少数人由于消极情感失控，采取不良的行为寻求自己的心理平衡，甚至有些毁容、凶杀、偷盗、抢劫等案件的起因都是嫉妒。

隋代薛道衡，13 岁时，能讲《左氏春秋传》；隋高祖时，作内史侍郎；

炀帝时，任潘州刺史。大业五年，被召还京，上《高祖颂》。炀帝看了很不高兴，说："这只是文词漂亮。"拜司隶大夫。炀帝自认才高八斗而傲视天下之士，不想让他人超过自己。御史大夫乘机说道衡自负才气，不听驯示，

有无君之心。于是炀帝便下令把道衡绞死了。天下人都认为道衡死得冤枉。他不正是锋芒毕露遭人嫉恨而命丧黄泉的吗?

那么，遇到这种情况怎么办呢?《庄子》中提出"意怠"哲学。"意怠"是一种很会鼓动翅膀的鸟，别的方面毫无出众之处。别的鸟飞，它也跟着飞；傍晚归巢，它也跟着归巢。队伍前进时它从不争先，后退时也从不落后。吃东西时不抢食、不脱队，因此很少受到威胁。表面看来，这种生存方式显得有些保守，但是仔细想想，这样做也许是最可取的。凡事预先留条退路，不过分炫耀自己的才能，这种人才不会犯大错。这是在现代高度竞争的社会里，看似平庸，但是却能以自己的方式生存的一种方式。

南朝刘宋王僧虔，是东晋王导的孙子，宋文帝时官为太子中庶子，武帝时为尚书令。年纪很轻的时候，僧虔就以善写隶书闻名。宋文帝看到他写在白扇子上面的字，赞叹道："不仅是字超过了王献之，风度气质也超过了他。"而宋孝武帝登基后，新皇想一人以书法名闻天下，僧虔便不敢露出自己的真迹。大明年间，僧虔常常把字写得很差，因此而平安无事。

所以有才华的人必须把保护自己也算作才华之列。

在洛阳有一位男子因与人结怨而处境困难。许多人出面当和事佬，但对方一句话也听不进去，最后只好请郭解出面，为他们排解纠纷。郭解晚上悄悄地造访对方，热心地进行劝服，对方逐渐让步了。如果是普通人，

一定会为对方的转变而沾沾自喜，但郭解却不同。他对那位接受劝解的人说：“我听说你对前几次的调解都不肯接受，这次很荣幸能接受我的调解。不过，身为外地人的我，却压倒本地有名望的人，成功地排解了你们的纠纷，这实在是违背常理。因此，我希望你这次就当作我的调解失败，等到我回去，再有当地的有威望的人来调解时才接受，怎么样?”这种做法实在是异于常人，细想起来真是一种使自己免遭众人嫉恨的明智之举——既保护了自己，又留下了为人称道的美名。谁能说郭解不是大智之人呢？比较起来，那些极力显示自己才能的人，不过是小聪明罢了。

《老子·洪德》章说：“大巧若拙，大辩若讷”。意思是最聪明的人，真正有本事的人，虽然有才华学识，但平时像个呆子，不自作聪明；虽然能言善辩，但好像不会讲话一样。无论是初涉世事，还是位居高官，无论是做大事，还是一般人际关系，锋芒不可毕露。有了才华固然很好，但在合适的时机运用才华而不被或少被人妒忌，避免功高盖主，才算是更大的才华。

第十二章 RENSHENGJINGYAN

人生最大的礼物是宽容

生活中总难免产生矛盾，对此，我们要有宰相肚里能撑船的宽容度量。有宽容之心，则事过不留痕，心态更旷达；有宽容之心，则家庭更幸福和睦；有宽容之心，则生活更轻松；有宽容之心，则是仁的高境界；有宽容之心，则世界少几分吵闹争斗，多几分和谐美满。

宽容是良好人际关系的基石

歌德说："人不能孤立地生活，他需要社会。"良好的人际关系，不仅能给人生带来快乐，而且能助人走向成功。而宽容的品质则是建立良好人际关系的基石，在相互宽容谅解中求得共同的发展和进步是一种良好的愿望。一个人只有具备了宽容的品质，才会懂得理解和尊重他人，才会有爱人之心，有容人之量，成为识大体、顾大局的人。

古人说得好："尺有所短，寸有所长"，"金无赤足，人无完人"。每个人都有优点和不足，世上有能人，但绝对没有完人。每个人独立的个性差异决定了人与人之间的矛盾不可避免。要解决这些矛盾，就必须具备宽容。宽容的前提是什么？是赏识！只有会赏识的人才有宽容的品质，也只有具有赏识之心的人才称得上是宽容的人。我们知道，人性中最本质的需求就是渴望得到赏识，人都是为了得到别人的赏识而活，不会是为了挑剔而活吧，我相信，百分之百的人从内心都是愿意和赏识自己的人一起工作、一起生活，而不愿意和整天挑鼻子挑眼，对这不满意、对那不顺眼的人在一起。人，或多或少都有这样或那样的不足，因此，

要做到宽容，就要学会用“电脑窗口”功能，看他人优点时最好使用“最大化”，看缺点时和无关要紧的事最好使用“最小化”。

宽容是高尚的人格修养、宰相胸襟、大将风度。要心怀坦荡，宽容他人，就必须做到互谅、互让、互敬、互爱。互谅就是彼此谅解，不计较个人恩怨。人都是有感情和尊严的，既需要他人的体谅，又有义务体谅他人。有了互相之间的谅解，就能清心降火，在任何情况下，保持平静的心境和宽厚的品格。互让，就是彼此谦让，不计较个人名利得失。心底无私天地宽。淡薄名利，摒弃私心杂念，自觉做到以整体利益为重，把好处让给别人，把困难留给自己，相互之间的矛盾关系就容易处理。争名于朝，争利于市，凡事先替自己打算，对个人得失斤斤计较，是难以与他人和睦相处的。互敬，就是彼此尊重，不计较我高你低。尊重别人是一种美德。“敬人者，人自敬之”，尊重别人，自然会获得别人的尊重。如果无视他人的存在，不尊重他人的人格，就不会有知心朋友。互爱，就是彼此关心，不计较品格气质的差异。爱能包容大千世界，使千差万别、迥异不同的人和谐地融为一个整体；爱能融化隔膜的坚冰、抹去尊卑的界线；爱能化解矛盾芥蒂，消除猜疑、嫉妒和憎恨，使人间变得更加美好。

宽容就是正视自己，善待“弱者”。认识自己、正视自己不容易，要善待“弱者”更不容易。我们都是凡夫俗子，不可能是完人，不可能没有错误，当我们发现自己错误的时候，不要过分的忧心忡忡，要及时诚恳主动道歉，让对方感觉你的诚心。当别人有了过错的时候，我们要善待对方，不要满脸的阶级斗争、得理不让人，什么都要讨个公道，什么都争个高低和强弱，要从别人的角度考虑问题，不要把自己的思维方式强加于人。当然，宽容有度，宽容不是纵容，我们对一些事也要讲理，但即使要讲理，也要晓之以理，注意别人的自尊和承受度，要让人体会到你对他的尊重，特别不能搞“株连”、“算总账”，否则你会导致自己的心里错位，也会使矛盾扩大化。善待别人，其实就是善待自己，我们何乐而不为？

宽容就是学会淡忘，用感恩的心情对待生活。或许你曾经遭遇过成功后遭人嫉妒的痛苦；或许有人因处事不公亏待过你；或许有人方式不当让你受尽了委屈；或许有人因势利伤害了你……对于这些，你大可不必耿耿于怀，忿忿不平，既不要将自己想当然的一些东西强加于无关的人，更不要想到要以牙还牙，采取什么办法变本加厉“回敬”对方、中伤对方。最好的办法是不要把这些让你不快乐的事放在心上，如果你始终跟自己过不去而处于一种烦恼心态，无疑只会在自己心里种下刻薄的阴影，最后形成一种恶性循环。我们必须要学会忘记，乐观地把它作为生活的积累；学会感恩，感谢生活给你磨练自己的机会，要用自己的人格魅力去感化对方。因此，忘记有时也是对自己最好的爱护。

宽容需要提高素养，开拓视野。人与人之间的封闭、孤独而不善交往，就会让人心胸狭窄，宽容也就无从谈起了。因此，要尽可能地创造条件，广交朋友，多见世面，不要把自己圈定在自己固有的小天地里。同时还要不断地加强学习，提高自己的素养，激发生活的热情，让生活充满阳光，让心灵充满阳光，这也是一种我们追求的高质生活。

包容是人生一大财富

包容他人对自己有意无意的伤害，是让人钦佩的气概；包容他人曾经的过失，是对他人改过自新的最大鼓励；包容他人对自己的敌视、仇恨，是人格至高的袒露。包容他人的过失是人生的财富。人生短暂、生命无常，同样是一辈子，有的人在无尽的愤恨和埋怨中挣扎着过；有的人在快乐幸福中沐浴着过。包容别人的过失，包容众生的错误，是人生的一大财富！

洛克菲勒年轻的时候曾经一无所有，像当时许多年少无知的人一样，到处流浪，得过且过。不过，洛克菲勒怀有十分远大的理想，他期望自己有一天能够有一笔任由自己支配的巨大财富。

带着这个伟大的梦想，洛克菲勒来到了距离家乡很远的一个偏僻小镇。在这个小镇上，洛克菲勒结识了镇长杰克逊先生。杰克逊先生已经年过五旬，他一直以来都生活在这个虽不繁华但是却令自己备感亲切的小镇上。他担任这个小镇的镇长已经很多年了，但是镇上的人们却从来没有想到要选举新的镇长。

的确，杰克逊实际上也是担任镇长的最佳人选，他性格开朗、为人热情，而且平易近人，更重要的是，他的心地十分善良。无论是当地人，还是来到这个小镇上的人，只要与杰克逊有过一定的接触，他们就会深切地感受到杰克逊的热情和善良，同时也会受到感染。

洛克菲勒住的小旅馆就离镇长杰克逊家不远。每当洛克菲勒站到旅馆旁的大门前向远方遥望时，他都会看到镇长家门口的那片长满各色鲜花的花圃。每次遇到洛克菲勒时，镇长都会停下忙碌的脚步问这个独在异乡的年轻人有什么需要帮忙的地方。当洛克菲勒需要一些生活用品时，热情的镇长夫人总是会十分高兴地给予帮助，而且镇长还会时不时地让女儿为洛克菲勒送去一些妻子做的可口点心。

在小镇上住了一段时间仍然感到一无所获的洛克菲勒决定过几天就离开这个小镇了，在离开小镇之前他要特别感谢镇长给予他的关照。就在他准备向镇长告别的前几天，小镇迎来了连续几天的阴雨天气，洛克菲勒不得不继续留在这里，同时他也在心里咒骂着这该死的鬼天气。

小雨时断时续，每当雨滴停止的时候，洛克菲勒都会走出旅馆大门——实际上洛克菲勒就住在杰克逊家的斜对面，看看镇长家门前那些经雨露滋润而倍加娇艳的花朵。这一天，当他走出旅馆大门的时候，他看到镇上来来往往的人们已经把镇长家门前的花圃践踏得不成样子了。洛克菲勒为此感到气愤不已，他真为镇长和这些花朵感到惋惜，于是他站在那里指责那些路人的行为。可是第二天，路人依旧踩踏镇长家门前的那片可怜的花朵。第三天，镇长拿着一袋煤渣和一把铁锹来到了泥泞的道路上，他用铁锹把袋子里的煤渣一点一点地铺到了路上。一开始洛克菲勒对镇长的行为感到不解，他不知道镇长为什么要替这些践踏自己家花圃的路人铺平道路。可是很快他就明白了镇长的苦心，原来有了铺好煤渣的道路，那些路人再也不用踩着花圃走过泥泞的道路了。

洛克菲勒最后还是离开了这个小镇，不过他知道，自己再也不是一无所获的离开了，他带着镇长杰克逊告诉自己的一句话从从容容地踏上了追求梦想的道路，那句话就是“包容别人就是善待自己”。直到成为闻名于全美的石油大王，洛克菲勒依然牢牢地将这句话铭记在心中。

包容他人就是善待自己。性格自私的人不愿意对别人付出任何关爱，所以他们永远都体会不到来自他人的友情和温暖。而那些胸襟开阔的人则始终生活在幸福和关爱之中，这些幸福和关爱既来自于别人，也来自于他们自己。

宰相肚里要能撑船

农夫锄草，是要除去对庄稼有害的东西；贤能的人修养自己，是要除去对道德有害的东西。思考对道德没有好处的事情，这是心的糟粕；说对道德没有好处的话，这是言语中的糟粕；做对道德没有好处的事情，这是行为上的糟粕。思想合乎道德，智力就是上等的；说话合乎道德，语言就值得学习；做事合乎道德，行为就值得模仿。射箭射不好，却想教人，没有人跟他学；品行不端，却想谈论人，没有人听。千里马只有伯乐认识，并不妨碍它是千里马。品行也是一样，只有贤良的人了解，不妨碍他是杰出的人才。

常言道："宰相肚里能撑船。"清朝时，在安徽桐城有个一个著名的家族，父子两代为相，权势显赫，这就是张家张英、张廷玉父子。清康熙年间，张英在朝廷当文华殿大学士、礼部尚书。老家桐城的老宅与吴家为邻，两家府邸之间有个空地，供双方来往交通使用。后来邻居吴家建房，要占用这个通道，张家不同意，双方将官司打到县衙门。县官考虑纠纷双方都是官位显赫、名门望族，不敢轻易了断。在这期间，张家人写了一封信，给在北京当大官的张英，要求张英出面，干涉此事。张英收到信件后，认为应该谦让邻里，给家里回信中写了四句话："千里求书只为墙，让他三尺又何妨。万里长陈今犹在，不见当年秦始皇。"家人阅罢，明白其中意思，主动让出三尺空地。吴家见状，深受感动，也出动让出三尺房基地，这样就形成了一个六尺的巷子。两家礼让之举和张家不仗势压人的做法传为美谈。

"大肚量"的宰相史不乏人，狄仁杰也是如此，堪称楷模。狄仁杰治国治民轻车熟道，能力非凡，难得的还是容忍别人，不计个人私怨，不遗余力地推荐有才之士，使国家社稷、黎民百姓受益匪浅。这是一种无比的豁达和高尚。位居"一人之下，万人之上"的宰相如此宽宏大量，卓有远见，凡夫俗子们是否也应作些思考呢？

公元688年，越王李贞叛乱，宰相张光辅领兵讨伐。官兵因军纪败坏，鱼肉百姓，影响极坏。这时，身为刺史的狄仁杰挺身而出，指责宰相张光辅治军无方。叛乱平息后，受牵连的有六七百家，许多无辜的人都要惨遭杀害。狄仁杰负责行刑，他认为这是草菅人命，便冒着杀身之危，向武则天上书，终使这些人免遭杀害。

武则天认识到狄仁杰确实是个人才，便连续提升了他。有一次，武则

天单独召见狄仁杰说：“你为刺史时，政治清明，治理有方，百姓拥戴。可是，有人在朝廷上弹劾你，你想知道诬告你的是谁吗？”

狄仁杰磊落地说：“臣如有过错，请陛下赐教！至于说臣坏话的人，臣不愿知其姓名，以便臣等能和睦相处！”

武则天听后，感到狄仁杰器量大，能容人可堪重用，更加器重他。狄仁杰好面折廷诤，常常违背武则天的旨意，武则天也曾动怒，使狄仁杰遭到贬官。日久见人心，经过几件事情之后，武则天既看出了狄仁杰的才能，也看出了他的忠心，以后每当他们政见不一时，武则天总是屈意从之。

社会是人与人组成的，因此，谁都不可以孤立地生活在这个世界上。在生活中，我们很难避免地会与他人之间发生摩擦，或者是不愉快的时候，尤其是当你感受到自己遭遇到不公平的待遇的时候，你是否会对他人产生敌意呢？你是否会因此而在心里对他人怀有怨恨之心呢？

首先可以肯定地说，当你受到了真正的不公平的待遇的时候，你完全有理由怨恨他人，因为你是真的受了委屈。可是，请你冷静地想一想，当你在怨恨他人的时候，你自己从中又得到了什么呢？事实上，你所得到的只能是比对方更深的伤害。

事实上，忘记你所受到的不公，忘记你对他人的怨愤，最终最大的受益者只能是你自己。当你忘记了怨愤，学会了遗忘和原谅，你就会发现，原来你所认为的那些所谓的不公，其实根本不值一提，因为它们在你的一生之中，是那么的微不足道。

互让一步，成就一番佳话

生活中难免遇上贪图小便宜的人，如果我们斤斤计较，不免生出摩擦，你争我斗，让周围的人看了笑话。而如果能豁达一些，退让一步，忍让三分，平心静气，互礼互让，反而成就一番佳话。

古时候有个叫陈嚣的人，与一个叫纪伯的人做邻居。有一天夜里，纪伯偷偷地把陈嚣家的篱笆拔起来，往后挪了一挪。这事被陈嚣发现后，心想，你就是想扩大点地盘呗，我尊重你的愿望，满足你的需要，于是等纪伯回家后，陈自己又把篱笆往后挪了一丈，给纪伯让出了更大的一块地盘。天亮后，纪伯发现自家的地宽出许多，觉察到陈嚣在让他，感到很惭愧，不

仅把侵占的地还给陈家，还主动向后退让一丈。这事情让当地的周太守知道了，非常赞赏陈嚣的行为和这行为带来的互让效果，抓住这个典型大力宣传，还命人立碑表彰，并将这个村子改名“义里”。

由此可见，忍让常常能带来互让；互让，就是一种互尊；互尊就是保持邻里、社会生存环境安宁、和谐的心理条件，是一种精神文明。假如陈发现纪夜拔篱笆占地的占小便宜行为不忍、不让，其后果会怎样？

遇事能忍让消除烦恼，便大事化小，小事化了，而且又能感动对方，出现一些意想不到的好效果。人心都是肉长的，人心也都是可以烘热的，你的不气，你的忍让，不仅免除了纷争，很可能换来对方的义举，事情会得到更圆满的解决。

杨玢是宋朝尚书，年纪大了便退休居家，无忧无虑地安度晚年。他家住宅宽敞、舒适，家族人丁兴旺。有一天，杨玢在书桌旁，正要拿起《庄子》来读，他的几个侄子跑进来，大声说：“不好了，我们家的旧宅被邻居侵占了一大半，不能饶他！”杨玢听后，说：“不要急，你们是说，他们家侵占了我们家的旧宅地……”“是的。”侄子们回答。杨玢又问：“他们家的宅子大还是我们家的宅子大？”侄子们不知其意，说：“当然是我们家宅子大。”杨玢又问：“他们占些旧宅地，于我们有何影响？”侄子们说：“没有什么大影响，虽无影响。但他们不讲理，就不应该放过他们！”杨玢笑了。

过了一会儿，杨玢指着窗外落叶，问他们：“那树叶长在树上时，那枝条是属于它的，秋天树叶枯黄了落在地上，这时树叶怎么想？”他们不明白含义。杨玢干脆说：“我这么大岁数，总有一天要死的，你们也有老的一天，也有要死的一天。争那一点点宅地对你们有什么用？”

侄子们说：“我们原本要告他们，状子都写好了。”侄子呈上状子，他看后，拿起笔在状子上写了四句话：“四邻侵我我从伊，毕竟须思未有时。试上含光殿基望，秋风衰草正离离。”写罢，他再次对侄子们说：“我的意思是在私利上要看透一些，遇事都要退一步，不必斤斤计较。”

利益的冲突是生活中产生矛盾的根源。当我们和别人发生利益冲突的时候，应该多为对方想一想，万事不必斤斤计较，互相之间都退一步。当我们以德相让、互相礼让的时候，那些可能发生的冲突就会烟消云散，大家也就很乐意跟你合作，事业发展的机会也就更多了。

我们生活的现实社会日新月异、变化无穷，我们面临的竞争也越来越激烈，但我们切不可忘记不要忽视“礼让”。人生之所以多烦恼，皆因遇事不肯让他人一步，总是斤斤计较，认为别人欠了自己的一样，最后满是怨怒之心，损害的还是自己的幸福。其实，这实在是很愚蠢的做法。

正确对待他人的过失

正所谓“人无完人”，我们每一个人都或多或少有一些缺点。在面对自己的优点与缺点时，要扬长避短，充分发挥自我优势。但是，怎样面对别人的缺点呢？宽容与理解是必不可少的。如果你总是苛刻对待别人的缺点，就会引起别人的反感，甚至“以恶为仇，以厌为敌”。一个能够容忍别人缺点的人，必定是胸怀宽广、受人尊敬的人，这样豁达的人，容易拥有成功的人生。

著名科学家法拉第，不但以其科学成就名扬四海，而且在生活中也是一位受人尊敬的导师。他的助手在评价法拉第时，认为他不仅聪明绝顶，科学业绩硕果累累，而且对于别人的缺点始终能够容忍与理解，还同时给予中肯的教诲。

法拉第的助手德塞先生，起初只懂得一些基础知识，在一个偶然的机会结识了法拉第先生，并做了他的助手。德塞先生因为知识不足及其他一些怪癖，经常容易犯一些小错误。他说：“每一次我做错事后，总以为法拉第先生要对我发火，但每次他都耐心地教诲，说争取下一次不再犯同样的错误。”

德塞自从做了法拉第的助手以后，就没有再更换工作。尽管这位助手经常会犯一些小错误，但法拉第从没有提出更换助手，而是对德塞大加赞赏，他说：“这个年轻人真的不错，当初他的能力不怎么样，经过长时间的学习与锻炼，现在已经是博学多才了。我想，我再也找不到这样的人才了。”接着，法拉第先生又说，“我也有缺点，我是与德塞共勉。”德塞对法拉第称他为人才非常高兴，从此更加努力学习。在他一生中，也有一些不小的发明。而法拉第在省视自己的成绩时说：“我成功的一半，离不开我的助手德塞先生。”

我们想一想，如果法拉第先生不能容忍德塞经常犯错误，德塞不可能永远做他的助手，他更不能在科学探索中取得成绩。相反，因为德塞的好学，这对法拉第本人的研究工作也有不小的推动。

我们每个人都有缺点。我们可以推心置腹地想一想，假如自己的缺点不能被别人容忍，会有什么样的结果，又会对自己产生什么样的影响？这样，我们就能找到容忍别人缺点的理由。

曾经有一位非常出色的外交家感慨地说：“以前自己的社交圈比较狭窄，只知道别人有很多缺点。现在，随着社交圈的扩大，接触了形形色色的人后，才知道，其实我自己也有类似的缺点。我希望别人能够容忍我的缺点，所以我也常常容忍别人的缺点。”一个不能容忍别人缺点的人，不可能拥有真正的朋友，而他的人生也难以成功。要改变人生，就要赢得朋友的支持。所以，在面对别人的缺点时，要尽量多一份容忍与理解。

人非圣贤，孰能无过？在正确对待他人的过失和错误上，不应以己所长而责备别人，要谅人之愚，体人之情，一字概括，即为恕字。同时劝善应以教育为主，既要指明对方的错误，使对方改过自新，又要考虑对方的承受能力。要分析对方的心理特点，千万不可以权压人，以理压人，以法压人，把对方逼上绝路。那只能使对方负隅顽抗，更加肆无忌惮。人一旦到了无所顾忌的地步，就无所谓尊严、刑罚和事理了。因此，对于犯有过失的人，特别是偶一失足的青少年，要动之以情，晓之以理。心诚则灵，这样感化别人，能收到事半功倍的效果。

海纳百川，有容乃大

“一只脚踩扁了紫罗兰，它却把香味留在那脚跟上。这就是宽容。”安德鲁·马修斯在《宽容之心》中说了这样一句能够启人心智的话。

孔子曰：“宽则得众”。宽以待人者，受到众人的欢迎。与人交往，难免会有些小摩擦。只要是无恶意的，就应该设身处地地为他人着想，主动承担责任，严以律己，宽以待人。

由于各种主客观原因所致，每个人都会有这样那样的过错，如果在日常相处中，对别人的过错能以宽容对待，就等于给对方提供了一个改过的机会。

张绣，在《三国演义》中所占分量不大，却是第一个使曹操中计，几乎丧生的人。

《三国演义》的第十六回《吕奉先射戟辕门，曹孟德败师淯水》中，专门记录了这件事：

张绣屯兵宛城（今河南南阳一带），曹操来伐。张听谋士贾诩言，不战而降。不料曹操好色，误掳张绣之婶母、张济之妻入营，寻戏作乐。张绣大怒，用贾诩谋，夜袭曹营，袭杀曹操猛将典韦。曹操长子曹昂和爱侄曹安民亦死于是役。曹操命大得脱。后来张绣与刘表联合，再战曹操。曹操再中贾诩之计，大败于宛城。因恐袁绍来袭，撤出战场赶回许都。数年之后，曹操拟攻徐州刘备，惧张绣蹑其后，派人招抚。恰于同时，袁绍也来招张。张绣犹豫不决。不过，两者相较，张绣还以为投袁绍可靠：一来，当时袁绍势力大大超过曹操；二来，自己曾两度差点置曹操于死命，并杀其爱将、爱子、爱侄，如何见容于彼？

贾诩深知张绣心意，为了劝其投曹，当面毁袁绍来书，叱退来使。张绣大惊，怕因此得罪这位当时最大的一路诸侯，招来横祸。贾诩却从从容容，以三句话讲了三点弃袁投曹的好处：

首先，“曹公奉天子明诏，征伐天下。其宜从，一也。”也就是说，“曹操挟天子以令诸侯”，名正言顺，应该归从。

其次，袁曹相较，“绍强盛，我以少从之，必不以我为重。操虽弱，得我必喜。其宜从，二也。”

最后，从袁绍与曹操个人相比，“曹公五霸之志，必释私怨，以明德于四海。”意思就是说：曹操必不会因私怨而不接受张绣的投降，以借此向天下表示其度量和德行，天下有本领的人也就会闻风归附了。

张绣听从了贾诩的建议，投降了曹操。但曹操并没有记恨以前的恩恩怨怨，杀了张绣，反而重用了他。由此可见，曹操并不是一个小肚鸡肠的人，他对张绣的宽容，也使他获得了他人的信任。

唐太宗李世民在一定意义上就是依靠宽容得到众臣鼎力相助的，并出现为后人乐道的“贞观之治”。在唐朝王室争权中，魏征曾多次鼓励太子李建成杀掉李世民，而李世民发动玄武门政变夺取帝位后，却不计旧恶，量才重用，使魏征觉得“喜逢知己之主，竭其力用”，为唐朝盛世的开创立下了汗马功劳。

秦始皇如果不是听取了李斯“海河不择细流，故能成其深”的喻谏，收回逐客令，实行不计前怨、广纳贤才的政策，恐怕就会失去李斯等一大批客臣的支持，难以顺利完成统一天下的大业。

曹操、李世民、秦始皇等，都具备容人之量，并因之而受人称赞。相反，有的人则由于心胸狭窄，凡事锱铢必较而遭人唾弃。

著名的慈禧老佛爷仅仅因为与一大臣下棋时，对方无意说了一句“我杀老佛爷的马”就勃然大怒，“你杀我的马，我杀你全家”，于是这位大臣被满门抄斩，惨不忍睹。这样的“小肚鸡肠”如何不让人寒心呢！

古人云：“有容乃大”。以事业为重，识大体、顾大局，相互之间多一些理解信任，多一些宽容大度；只要不是原则性问题，应该相互谦让，相互体谅，真正做到容人、容言、容事；要善于与人合作共事，包括要善于与批评过自己的同事一道工作，凡此等等，这些宽容的理念都应该成为我们的座右铭。

要宽容别人的龃龉、排挤甚至诬陷。你应该知道，正是你的力量让对手恐慌；更要知道，石缝里长出的草最能经受风雨。给你穿的小鞋，或许能让你在舞台上跳出曼妙的“芭蕾舞”；风凉话，正可以给你发热的头脑“冷敷”；给你的打击，仿佛运动员手上的杠铃，只会增加你的爆发力。言语刻薄，是一把双刃剑，最终也割伤自己；以牙还牙，也只能说明你的“牙齿”很快要脱落了；睚眦必报，只能说明你无法虚怀若谷；血脉贲张，最容易引发“高血压”。

更进一层次的宽容意味着不仅不计较个人的得失，更能用自己的爱与真诚来温暖别人的心灵。心平如水的宽容，已属难得；雪中送炭的宽容，更可贵，更令人动容。曹操不仅不计较张绣杀死了自己的儿子，反而对张绣重用，这正如一面镜子，光明磊落。宽容，不仅融化了彼此的过节，更将爱的热力辐射进对方的心窝。在被某些人评论成“物欲横流”的时代，自下而上空间正日益缩小的人们，所缺的不正是发生在曹操与张绣、李世民与魏征之间的宽容吗？选择宽容，也就选择了理解和温情，同时也选择了人生的海阔天空。

宽容是一首人生的诗。至高境界的宽容，不是仅仅表现在日常生活的某一件事的处理上，而是升华为一种对宇宙的胸襟，对人生如诗般的气度。宽容的含义也不仅限于人与人的理解与关爱，而是内心对于天地间一切生命产生的旷达与博爱。

当然，宽容同“方以律己，圆以待人”是不矛盾的。轻易原谅自己，那不是宽容，而是懦夫。“圆以待人”，也得先看对象。宽容不珍惜宽容的人，是滥情；宽容不值得宽容的人，是姑息；宽容不可饶恕的、丧尽天良的人，则是放纵。所以，宽容本身，也是谋事的一门学问。

君子不计小人过

君子之所以为君子，就在于他能容纳小人。常言道：“水至清则无鱼，人至察则无友”。这就告诉我们，如果对事物的观察太敏锐，就会觉得他人浑身都是缺点，不值得与之交往；另一方面，旁人也会对你的过分挑剔，感到难以忍受，而不愿意追随你。实际上，越是污秽的土地，土质越肥沃，有利于万物的生长；同样，水流过于清澈，就很难产生鱼类。所以说，君子要有宽宏的度量，不自命清高，要能够忍让，能够接纳世俗乃至丑恶的事物，这就是“君子不计小人过”的实质。

君不见在日常生活中，也包括在工作中，有不少人往往为了非原则问题，小小皮毛问题争得不亦乐乎，谁也不甘拜下风，有时说着论着就较起真来，以至于非得决一雌雄才算罢休，结果严重的大打出手，或者闹个不欢而散，鸡飞狗跳影响团结，这是坚决不可取的。那么当自己与人发生矛盾冲突后究竟应该怎么办呢？糊涂哲学告诉我们：必须是“得饶人处且饶人”，即既不要因为不值得的小事去得罪别人，更要能以一种豁达的心胸，以君子般的坦然姿态原谅别人的过错。

在生活中，也确实有不少“君子不计小人过的事例，有这样三则故事，很耐人寻味：

第一则讲唐朝的娄师德。娄师德官至同平章事，一生为将相30多年，稳而不倒，其诀窍是能忍受任何侮辱而不动声色。有一次，他弟弟被派去做代州刺史，临行时来向娄师德辞行。他便问弟弟：“你我受国家的恩宠太多，显荣太过，很容易招惹别人的妒忌，你有什么方法可以避免呢？”他的弟弟说：“往后即使有人唾口水在我面上，我也只把它揩干而已。”娄师德说：“这还不行。人家唾你的脸，就因为他对你生气了，如果你把唾沫揩去的话，他便更恨你了。所以，你不要去揩，而要让它自己干，并且要面带笑容承受，这才对呢！”

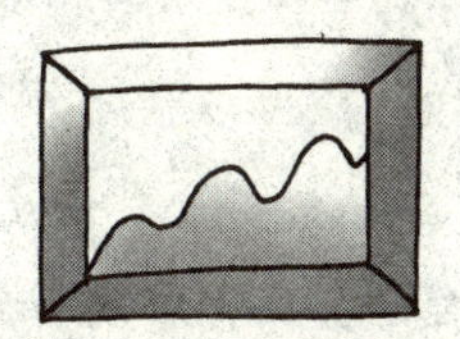

第二则故事讲唐朝的陆贽。陆贽在德宗时当过中书侍郎、同平章事。当初，御史中丞窦参常常排挤陆贽。后来窦参被李巽参奏，德宗大怒欲杀之。陆贽替窦参讲情，才未被杀，被贬到獾州当司马。德宗又想株连窦的亲人，没收他的家产，陆贽请皇上加以宽恕。世人无不称赞陆贽公正诚实，以德报怨。

第三则故事讲宋朝的吕蒙正。蔡州的知州张绅犯贪污罪被免职。有人对宋太祖赵光义说："张绅很有钱，不至于贪污，是吕蒙正贫穷时向他索取财物没有如愿，现在对他报复。"吕蒙正不申辩，结果张绅复了官，吕蒙正被罢了宰相的官职。后来考课院查到张绅贪污的证据，于是又免了张绅的官职，吕蒙正重当宰相。太宗对吕蒙正说："张绅果然有赃。"吕蒙正也不谢。太宗称赞吕蒙正的气度不是那些浅薄的人可以做得到的。

这种宽厚与容忍绝对不是争斗的小人所能够做到的，明知对方错了，却不争不斗反而认输，虽然自己吃点小亏，但使别人不受损。不争表面形式的输赢，而重思想境界和做人水准的高低，这样的人其实活得很潇洒。历史上的这三个人，由于能不计小人过，不但没有丝毫损害自己的名声，反而更受到大家的称道。

水至清则无鱼，人至察则无友。对于个人而言，能"得饶人处且饶人"，它既能带来良好的人际关系，同时自己也能生活得轻松、愉快。海纳百川，有容乃大。与人相处，有一分退让，就受一分益；吃一分亏，就积一分福。相反，存一分骄，就多一分屈辱；占一分便宜，就招一次灾祸。所以说：君子以让人为上策。

遇事一忍化纷扰

在生活中，我们难免会碰到一些蛮不讲理的人，甚至是心存恶意的人，有时还会无缘无故地遭到这种人的欺侮和辱骂。每当遇到这样的事，常让人觉得忍无可忍。可是，不忍就会正好成了对方的出气筒，也给自己带来不必要的麻烦。这正如一首诗说的那样：忍字头上一把刀，遇事不忍祸必招；如能忍住心中气，过后方知忍字高。

一次，在公共汽车上一个男青年往地上吐了一口痰，被售票员看到了，对他说："同志，为了保持车内的清洁卫生，请不要随地吐痰。"没想到那男青年听后不仅没有道歉，反而破口大骂，说出一些不堪入耳的脏话，然后又狠狠地向地上连吐三口痰。

那位售票员是个年轻的姑娘，此时气得面色胀红，眼泪在眼圈里直转。

车上的乘客议论纷纷，有为售票员抱不平的，有帮着那个男青年起哄的，也有挤过来看热闹的。大家都关心事态如何发展，有人悄悄说快告诉司机把车开到公安局去，免得一会儿在车上打起来。没想到那位女售票员定了定神，平静地看了看那位男青年，对大伙说："没什么事，请大家回座位坐好，以免摔倒。"一面说，一面从衣袋里拿出手纸，弯腰将地上的痰迹擦掉，扔到了垃圾箱里，然后若无其事地继续卖票。

看到这个举动，大家愣住了。车上鸦雀无声，那位男青年的舌头突然短了半截，脸上也不自然起来，车到站没有停稳，就急忙跳下车，刚走了两步，又跑了回来，对售票员喊了一声："大姐！我服你了。"车上的人都笑了，七嘴八舌地夸奖这位售票员不简单，真能忍，虽然骂不还口，却将那个浑小子制服了。

这位女售票员面对辱骂，如果忍不住与那位男青年争辩，只能扩大事态；与之对骂，又损害了自己的形象；默不作声，又显得太亏了。她请大家回座位坐好，既对大伙儿表示了关心，又淡化了眼前这件事，缓解了紧张的空气；她弯腰若无其事地将痰迹擦掉，此时无声胜有声，比任何语言表达的道理都有说服力，不仅感动了那位男青年，也教育了大家。

生活中，有的人爆竹脾气一点就着，有的人针尖儿对麦芒，有的人你倔他更犟，结果容易跟人闹脾气，邻里、同事、上下级关系搞得很僵。如果我们能有意识地让自己冷静下来，该受点委屈就受点委屈，该忍让时就忍让，从而避免冲突、矛盾和麻烦，虽然会吃一点小亏，可是换来的是他人的友好，却又是赚了大便宜。

在现实生活中，当双方发生矛盾或冲突时，对于别人的批评，除了虚心接受之外，不妨养成毫不在意的功夫。人与人之间发生矛盾的时候太多了，因此，一定要心胸豁达，有涵养，不要为了不值得的小事去得罪别人。而且，生活中常有一些人喜欢论人短长，在背后说三道四。如果听到有人这样谈论自己，完全不必理睬这种人。只要自己能自由自在地按自己的方式去生活，又何必在意别人说些什么呢？

第十三章 RENSHENGJINGYAN

人生最大的愚蠢是欺骗

著名的美国总统林肯有段名言：你可以在某一时刻欺骗所有的人，也可以在所有的时刻欺骗某一些人，但你永远也不可能在所有的时刻欺骗所有的人。谎言终究会被戳穿，欺骗终究会被识破。欺骗一个人，得到的只是一时利益，失去的却是一个甚至一群朋友，而坦诚相待，虽然当时看似吃亏，但会得到好的口碑，受人信任。孰优孰劣，相信智者都会选择第二条路。

诡诈骗术，得小失大

在战争中，“兵不厌诈”，真真假假，虚虚实实，让敌人捉摸不透。在商场中，与某些竞争对手交往，运用此谋略，往往能取得意想不到的战果。虽然“兵不厌诈”之术在商业活动中普遍运用，但要取得根本性的胜利，却离不开他人的信任和支持。因此，一个企业与公众之间，决不能运用诡诈之术，弄虚作假，而应该“一诺千金”，把“信”作为立身之本。

2002年李嘉诚旗下的长虹生物科技公司要上市融资，当时长科公司全年的营业收入才几十万港元，根本就不盈利，但是股票发行时还是获得了好几倍的认购。为什么？因为香港人相信李嘉诚的信誉，相信跟着李嘉诚投资不会吃亏，“李嘉诚”三个字就是金字招牌。

有一年，李嘉诚决定在伦敦以私人方式出售他持有的香港电灯集团公司股份的10%。计划过程中，港灯即将宣布获得丰厚利润的消息，李嘉诚的得力助手马世民马上建议他暂缓出售，以便卖个好价钱，但是，李嘉诚却坚持按原计划出售。李嘉诚说，还是留些好处给买家好，将来再配售会顺利点，赚钱并不难，难的是保持良好的信誉。《远东经济评论》对此发表评论，非常精辟地说，“有三样东西对长江实业至关重要，它们是名声、名声、名声”。

而有些富豪却不注重诚信，结果因小失大。周正毅找香港京华山国际投资公司的首席顾问刘梦熊帮助收购香港的公司，刘经过多方调查为周找到了一个拥有几亿现金的干净公司“上海地产”，事成之后周正毅却赖掉了几千万元的佣金。刘梦熊对周正毅的手下说，告诉你们老板，这样没诚

信，注定要完蛋。果然，周正毅因涉嫌多项犯罪锒铛入狱。

李嘉诚号称“华人首富”，周正毅号称“上海首富”。李嘉诚和周正毅有很多相似的地方。李嘉诚出身小职员，周正毅出身棚户区；李嘉诚卖塑胶花起家，周正毅卖馄饨起家；李嘉诚靠炒地产完成原始积累，周正毅靠炒卖烂尾楼一鸣惊人。李嘉诚和周正毅都是个人奋斗的典型，不同的是发迹之后，李嘉诚成为财富的榜样，而周正毅成为问题富豪。他们最大的不一样也可以说是李嘉诚与那些问题富豪的区别就是“诚信做人”！

“留得青山在，不怕没柴烧”。在资本市场上，诚信就是青山，资金就是柴，只要诚信在，不怕没资金；运用诡诈之术，不遵守承诺，欺骗他人，耍小聪明，也只会获得一时的小利，吞下的却是原罪的苦果。

失信于人，玩火自焚

做人当讲诚信，商人更应如此。在大千世界中，不同的人有不同的做人之道，奸诈者有之，投机者有之，轻狂者有之，骄傲者有之，但是这些人绝不能成大事，至少不能长久的成大事。

过去来西藏旅游观光的外国人甚为罕见，可后来渐渐地多了起来。个中缘由来自于一个诚信的故事：

有一天，几位日本摄影师来到喜马拉雅山南麓，歇息时，便请当地一位孩子替他们买啤酒。当时经济不开放，附近没有啤酒卖，孩子跑了近四个小时路，才买到啤酒。第二天，摄影师们给了他很多钱，请他再去买 10 瓶啤酒。不想，等到第三天夕阳西落，那个孩子还没回来。沉不住气的摄影师开始置疑了，认为一定是那个孩子把钱骗走了。

然而，就在这天夜里，孩子拎着 7 瓶

啤酒踉踉跄跄地回来了。原来，他在前一天卖酒的地方，只购得店里剩下的4瓶啤酒。为了信守承诺，他又翻了一座山，趟过一条河才才购得另外6瓶。由于疲劳和夜晚山路的崎岖，返回时摔坏了3瓶。当孩子哭着将摔坏酒瓶的碎玻璃片，连同找回的零钱交到摄影师们手中时，在场的人无不动容。从此后，日本的游客日渐增多，继而也带动了周边其他国家的旅行者。一个孩子买啤酒的诚信故事，开始在许多外国人中广为流传，而成为当地旅游的一张名片。

古代周幽王有个宠妃叫褒姒，为博得她的一笑，昏庸的周幽王竟然视军令为儿戏，下令在都城附近20多座烽火台上点起烽火。众所周知，在古代战争中，烽火是边关报警的信号，只有当外敌入侵需召诸侯来救援的时候才可点燃。这下好了，宠妃看将士们手足无措的样子开心地笑了，却恼怒了率领兵将们匆忙救驾的各路诸侯们。五年之后，西夷太戎大举攻周，周幽王再燃烽火。然而，诸侯将领们谁也不愿再上第二次当，无人应和。结果呢，幽王被逼自刎而褒姒也被敌人虏了去。周幽王自取其辱，身死国亡的故事，告诉我们国不可无诚信，人不可无诚信。

诚信，是一池清澈的碧水，所有的真诚，都明明白白地装在里面，谁不喜欢！而失信则如同被一团污泥弄脏了的池水，谁又不厌恶呢？真正的成功者是以诚实为做人之道，以诚为本，才能永远有饭吃，才能做大生意。这是人人皆知的道理，但却不是人人都能做到的。

不妨有一点笨拙精神

为人诚实守信，这是任何老板成功的硬道理。中国本是最讲诚信的国度，但近代以来，商品经济逐渐活跃，诚信逐渐被抛弃，形成无商不奸的局面。当许多人都以“厚黑”为经商指导的时候，李嘉诚却一直标榜诚信，而且生意越做越大，这是值得深思的一个现象。

在李嘉诚这个名字中，“诚”字几乎代表了他的整个性格。想当初，父母给他起了这个名字，也许就蕴含了希望他诚实做人的含义，而这个“诚”字也为年轻李嘉诚的事业打开了机会的大门。

李嘉诚的塑胶厂转产之后，他虽然率领企业步出了深渊，但并非就此脱离了困境。这时，他的资金仍然十分不足，生产设备仍旧简陋，他无法更新设备，增加厂房，招聘技工，生产规模也无法像计划的那样扩大。正当李嘉诚预感到资金问题会给他的企业带来新的危机的时候，有一位急需大量塑胶花的订货商来到他的公司。

第二天，在约好的地方，寒暄过后，双方一时无话。李嘉诚主动打破沉默，说明自己的意图，接着，李嘉诚从手提包里拿出 9 种按照订货商的要求设计出来的精巧别致的塑胶花，放在外商面前。然后，李嘉诚诚恳地告诉外商："先生，这 9 款塑胶花是我和公司设计人员昨晚一夜没睡按你的愿望设计出来的，有 6 款我想基本符合你的要求；而另外 3 款，因为我考虑到你的订货是为圣诞节准备的，因此，在你的要求的基础上，再揉进一些东方民族的传统风格，我认为或许你会喜欢，所以全部拿来，供你挑选。"精明的李嘉诚明白自己资金不足的劣势，但他看准了这次薄利多销的机会。他敏感地预测到如能与这位订货商达成协议，那么长江工业公司不但可以脱离困境，而且还可以在香港取得相当有利的竞争地位。

李嘉诚接着说："就我个人而言，我当然十分希望能够长期与你合作。长江目前虽没有取得足够的资金以及担保，但是我们却可以给你提供全香港最优惠的价格、最好的质量、最优的款式，并保证在交货期按时交货。而且，这 9 款塑胶花样品，如果你觉得满意，我愿意送给你，只是希望有机会跟你合作。"

这位订货商以十分钦佩的目光看着李嘉诚，不仅因为这位青年能在一夜之间设计 9 种款式的塑胶花供他挑选，更为他的坦诚而感动。订货商情不自禁地握着李嘉诚的手连声说："了不起，年轻人，我同意跟你合作，你会干好的!"

这次成功使长江工业公司从此站稳了脚跟，并在香港塑胶企业内有了相当竞争能力。在接下来的日子，李嘉诚领导长江工业公司迎来了香港塑胶花制造业最为辉煌的时期。欧美各国对塑胶花的需求量更大了，就连中、下等家庭也渐渐养成了插花的习惯。

李嘉诚也充分利用这段鼎盛时期，不断创新。他以高薪招聘塑胶专业人才，研制出欧美用户最感兴趣的接近天然花的喷色塑胶花、特种花、热带新奇花卉，以及具有中国传统特色的中国特种花，从而顺利地打入了欧美市场。李嘉诚利用长江工业公司高品质的塑胶花产品，全方位地争取到了海外买家的长期合约，业务得以迅速增长。李嘉诚常说："要用真心真意，取得对方的信心。”

庞大的塑胶花市场，为李嘉诚带来了数千万港元的利润，长江工业公司的塑胶花和李嘉诚本人也愈来愈受到塑胶界的注目。“长江”因此而成为世界上最大的塑胶花制造基地，而李嘉诚则被誉为“塑胶花大王”。

诚信是利润的前提和基础，利润是诚信的结果。信誉是不可以用金钱估量的，是生存和发展的法宝。

保持真诚的本色

真诚人人渴求——渴求别人真诚地对待自己，渴求身处一个真诚的生活、工作环境当中，但我们扪心自问，有几个人真正能够做到呢？

国际函授学校丹弗分校经销商的办公室里，麦克正在应征销售员工作。经理约翰·艾兰奇先生看着眼前这位身材瘦弱，脸色苍白的年轻人，忍不住先摇了摇头。从外表看，这个年轻人显示不出特别的销售能力。约翰·艾兰奇先生在问了麦克姓名和学历后，又问道：“干过推销吗？”

“没有。”麦克答道。

“那么，现在请回答几个有关销售的问题。”约翰·艾兰奇先生开始提问：“推销员的工作目的是什么？”

“让消费者了解产品，从而心甘情愿地购买。”麦克不假思索地答道。

艾兰奇先生点点头，接着问：“你打算对推销对象怎样开始谈话？”

“‘今天天气真好’或者‘你的生意真不错’。”

艾兰奇先生还是只点点头。“你有什么办法把打字机推销给农场主？”

麦克稍稍思索一番，不紧不慢地回答：“抱歉，先生，我没办法把这种产品推销给农场主。”

“为什么?”

“因为农场主根本就不需要打字机。”

艾兰奇高兴地从椅子上站起来，拍拍麦克的肩膀，兴奋地说：“年轻人，很好，你通过了，我想你会出类拔萃的!”

艾兰奇心中已认定麦克将是一个出色的推销员，因为测试的最后一个问题，只有麦克的答案令他满意，以前的应征者总是胡乱编造一些办法，但实际上绝对行不通，因为谁愿意买自己根本不需要的东西呢?

许多求职的人在参加面试的时候，所犯的最大错误就是不保持本色。他们不以真面目示人，不能完全地坦诚，而给招聘者一些他以为“正确”的回答。可是这个做法一点用也没有。因为没有人愿意要伪君子，正如从来没有人愿意收假钞票一样。真诚！何止适用于找工作面试，做人处事、安身立命不也是一样的道理吗?

做个恪守信用的人

一个人立身处事，欺骗只会让他人远离，而诚信则能交到朋友。信用很重要，这是人的名誉的根本，是魅力的深层所在，但信用绝非一朝一夕便可树立。

我们常说的“君子一言，驷马难追”，讲的就是人的信用。一个没有信用的人，是为人所不齿的。现在的生意场上，公司、企业做广告做宣传，树立公司、企业在公众中的形象，但是却不注意提高公司、企业的信用度，结果南辕北辙。只有信用度高了，人们才会相信你，和你来往，生意才能成交。公司、企业的信用度靠的是良好的产品质量、优良的服务态度，而非几句响亮的广告词、几次优惠大酬宾就可做到。

人的信用也是如此，不是可以速成的。吹牛皮的人，可以用自己的嘴巴将火车吹着跑。人的信用，却不

做生意是无信不立

“讲信用，够朋友。这么多年来，任何一个国家的人，任何一个省份的中国人，跟我做伙伴的，合作之后都成为好朋友，从来没有一件事闹过不开心，这一点是我引以为荣的事。”这是李嘉诚做人做事坚守的原则。

对于李嘉诚这位30岁就凭着自己的努力成为富豪的人来说，商人最重要的素质就是“信”。其实，李嘉诚对事业上的“信”与他对人的“诚”是分不开的，诚信相合，即为“义”。从对子女的教育上最能看出一个人的为人和心中的想法。

李嘉诚坦言：“以往百分之九十九是教孩子做人的道理，现在有时会谈论生意，约三分之一谈生意，三分之二教他们做人的道理。因为世情才是大学问。世界上每一个人都精明，要令人家信服并喜欢和你交往，那才是最重要的。”

“我经常教导他们，对人要守信用，对朋友要有义气，今日而言，也许很多人未必相信，但我觉得‘义’字，实在是终身用得着的。”李嘉诚一直都在磨练李泽钜、李泽楷两兄弟。他的两个儿子李泽钜和李泽楷长到八九岁时，李嘉诚就让他们参加董事会，不仅让孩子们列席“旁听”，还让他们插话“参政议政”，主要是学习父亲“不赚钱”、以诚信取胜的学问。

李嘉诚曾戏说自己不是“做生意的料”，因为他觉得自己不会骗人，不符合中国人所说的无商不奸的标准，但其实正是因为他有信而无奸，所以才做出了全亚洲独一无二的大生意。

有些年轻人开始经商时，常常有着这样的看法，即认为一个人的信用是建立在金钱基础上的。一个有钱的人、有厚资本的人，就有信用，其实这种想法是不对的。与百万财富比起来，诚信的品格、精明的才干、吃苦耐劳的精神，要高贵得多。

有很多银行家非常有眼光，他们对那些资本雄厚，但品行不好、缺乏信用的人，决不会放贷一分钱；而对那些资本不多，但肯吃苦、能耐劳、小心谨慎、时时注意商机的人，他们则愿意慷慨相助。任何人都应该懂得：信用是人一生最重要的资本。要知道，糟蹋自己的信用无异于在拿自己的人格做典当。

罗赛尔·赛奇说："坚守信用是成功者的最大关键。"一个人要想赢得别人的信任，一定要下极大的决心，花费大量的时间，不断努力才能做到。

如何提升自己的信用呢？以下几点可供借鉴：注意自我修养，善于自我克制，做事必须恳切认真，建立起良好的名誉；随时设法纠正自己的缺点；行动要忠实可靠，做到言出必有信，与人交易时诚实无欺——这些都是自我信用的重要评价。

以诚相待，方可赢得人心

一个商人不能离开诚信的品牌，松下幸之助在这方面做得足够出色。全日本家用电器销售店约有5万家，其中约有3万家是属于“松下”系统的；在世界各地，“松下”的代理店更是不计其数。看来，代理商都极愿意与松下进行业务往来。这难道仅是因为松下的产品价廉质优，能赢得顾客吗？还有什么别的原因呢？

那还是松下的电冰箱出口之初。一次，一批松下产的冰箱运抵香港，香港代理店收到货后，发现这批货的包装破得乱七八糟。破烂的包装有损商品在顾客眼里的形象，又不方便顾客提货和运输，投不投放市场都将给代理店带来严重的后果。代理商急成了热锅上的蚂蚁。他派代表火速飞往松下总部所在地大阪，要约见松下的负责人。松下公司对此十分重视，几位最高领导人同时会见了这位代表。听完了他的陈述后，当即承认那批货包装不良，表示承担由此造成的一切责任，代表这才松了一口气。后来，这个香港的代理商成了松下最忠实的代理商之一。

代理商们曾这样评

论松下：表面看来，与其之间是一种商业联系，但归根结底，人与人之间的联系才是最基本的。松下让人感到人与人之间的温暖，这在其他公司是难得的；代理店提出要求，如质量或价格方面的意见，松下能知错就改；松下对代理店，真正做到了态度和蔼、感情亲切。

这些评论的言下之意都是：既然松下这样支持我们，我们代理店能不全力以赴吗？松下这样对待它的代理店是因为它明白，代理店是处于各大公司之间的弱小者，也是顾客与自己之间的弱小者，如果不支持他们，并且言而有信，他们就会倒向自己的竞争对手，或者自己失去顾客。

其实，代理商的职业决定了他们比企业主更了解市场行情，精明的生意人都喜欢同代理商和睦相处，甚至同他们交朋友。从他们口中，可以得到自己想知道的市场情报，例如各类商品的价格、某种产品的销路、市场竞争的形势以及其他状况。毕竟不管自己对此研究多么精深，只有代理商才能深入了解到竞争对手内部的经营和管理状态。

对代理商以诚相待，以信相交，并且支持他们，他们就会努力为自己卖力，就等于扩大了自己的势力，这正是“假途伐虢”精义之所在。

以忠信笃敬走遍天下

一个人要想赢得别人的信任，关键在于老老实实地做人。因此我们应该从小严格要求自己不说谎话，言行一致，答应别人的事就要放在心上，努力做到，长大才能成为一个诚实守信的人。

守信可以产生巨大的力量。古代政治家商鞅就曾以守信换取民心。商鞅的变法条令准备好后，担心民众不信，就在国都的南门立了一根木柱，张贴告示说有谁将它搬到北门，便赏黄金10两。众人看了都不相信，没有一个人去搬。于是，他又贴出告示："谁能扛去赏黄金50两"。这时，有一个人抱着试一试的想法，将这根木柱扛到了北门。没想到，他马上得到了50两黄金的赏钱。商鞅这种"言而有信"的做法，使老百姓都相信了他的变法条令。

有一个国王给孩子们每人一些花籽，叫他们去种花，当花朵盛开时，再把盆花送到王宫来。国王事先悄悄地把花籽煮过，不可能发芽了，可是到了规定的日子，孩子们都把一盆盆艳丽夺目的花儿送来，他们都是为了得到国王的奖励，换了花籽种出来的。只有一个叫宋全的孩子，双手捧的是没有鲜花的花盆。宋全凭着诚实的美德，赢得国王的赏识，得到了奖励。

孔子的学生子张问怎样才能使自己通达。孔子说："说话忠诚守信，行为笃实严谨，即使到了边远的部族国家，也能够通达。说话不忠诚守信，行为不笃实严谨，即使在本乡本土，能行得通吗？站立时仿佛看见'忠信笃实'这几个字显现在前面，坐在车中仿佛看见这几个字在辕前的横木上，能够做到这样，便能够处处通达了。"子张便把孔子的话记在束腰的大带上。

孔子的意思其实也很简单，就是要求子张把"忠信笃敬"作为座右铭"印在脑子里，溶化在血液中，落实在行动上"。做到了这一点，就可以"有理走遍天下"，做不到这一点，则"无理寸步难行"。

孔子曰：“人而无信，不知其可也。”孟子有云：“诚者，天之道也；思诚者，人之道也。”“无信不立”、“一诺千金”、“言必信，行必果”等古训，已将诚信深深融入民族文化和民族精神的血液里。然而，一部分国人却偏离了诚信的方向，使我们的身边充斥着种种令人汗颜的不诚信行为。

然而为什么践踏“诚信”、损害“诚信”的现象会屡禁不止？

法国老太瑞70岁时，有个律师同她订了一份契约。契约规定：老太有生之年，那律师每月付给她2500法郎的生活费；老太去世之后，她的房产归律师所有。然而，令律师意想不到的是，这生活费一付就是30年，直到律师去世，老太还健在。而律师总共付出了90万法郎，就是按分期付款购房30年也足够买下三四套这样的房子。这件事本身，也许会被某些人当做“贪小便宜吃大亏”的笑料，而从诚信的角度看来，这正是遵守诚信的最好典范。因为这名律师完全可以利用他的法律知识，想办法终止已经让他“吃亏”了的契约。但他没有。他为了继续遵守诚信，宁愿吃亏，履行契约，直至死亡。

实现诺言，遵守诚信，有时可能让人失去很多，但同时也会让人得到用金钱换不来的东西——尊重。其实不仅仅是商家，我们每个人都应遵守诚信，诚信是对每位公民的基本素质要求。“诚”是对人的态度，忠诚、诚实；“信”是做人的态度，守信、信誉。诚实守信，也就是诚信。形成诚信的社会风气，既要有制度作保障，同时又需要人与人之间的以诚相待。这正是我们这个社会所需要的。

在一般情形下，或者说在正常的社会环境下，孔子的话当然是不错的，一个人没有忠信笃敬的品质，就会像一个玩世不恭的花花公子或所谓“嬉皮士”一样，缺乏专注、进取的精神，很可能一事无成，自然也就无所谓通达了。但在特殊的社会环境下，尤其是处于尔虞我诈的现实之中，一味地忠信笃敬，不多一个心眼，做到知己知彼，那也是很容易上当受骗，落入他人所设置的圈套之中的。

所以，我们一方面确实要像子张一样记住圣人的教导，把“忠信笃敬”这几个字作为我们的座右铭。但另一方面，面对复杂多变的社会现实，也要多长一个心眼，在忠信笃敬的基础上来一点通权达变，不要愚忠。这不是投机取巧，而是反映在“忠信笃敬”上的辩证法。

为此，孔子又说到要胸襟宽广而明察。他说：“不逆诈，不亿不信，抑亦先觉者，是贤乎！”即：“不预先揣度别人的欺诈，不凭空猜测别人的不诚实，却又能及早发觉欺诈与不诚实。这样的人是贤者了吧！”

不轻易去猜测揣度别人的欺诈和不诚实是胸襟宽广的表现，却又能及早发觉欺诈与不诚实是明察秋毫的睿智。能够做到这两方面，当然是贤者了，而且是大大的贤者。

从实际情况来看，太明察的人往往疑心重多忌刻，凡事都对人防一手，容易把人想像得很坏，所以显得心胸不够宽广。而一般心胸宽广的人又往往把人想像得太好，对人缺乏心计和防范，所以不够明察。

这两方面的矛盾在圣人的论述中被统一起来了，这当然是高标准严要求，我们一般人是望尘莫及，难以做得到的。虽不能至，心向往之。也就只有努力提高修养，争取做得好一点罢了。